カラス学のすすめ

杉田昭栄
宇都宮大学名誉教授

緑書房

はじめに

私がカラスの研究をはじめてから、およそ二十年が経ちました。二十年ほど前の、カラスへの世間の関心事は、東京都をはじめ都市部にみられるゴミ集積場の食い散らかし、電柱への営巣による送電障害など、マイナスイメージの強いものばかりでした。たしかに、高度成長期を経てバブル崩壊までの日本は飽食大国で、栄養豊富な生活生ゴミを多く出していました。その豊富な食資源により、都市部ではカラスがたいへん増えたのです。カラスの問題のはじまりは、突き詰めてみれば人がつくり出していたのです。

一方、学術研究の世界でカラスが登場する機会も多くなりました。二十一世紀は脳科学の時代とも言われるなか、カラスの認知能力や知的行動に関する研究結果が多く発表され、カラスの知的動物としてのステイタスが上がってきたのです。例えば、道具を使うカラスとして有名なカレドニアガラスの道具づくりに見られる工夫、同じくこの種のカラスでの論理的思考の解明など、多くの報告がみられます。さらに、鳥の脳には哺乳類の大脳皮質に相当する部分がなく、線条体という知的活動に関わらない部分が肥大したものであるという考え方がされていたのですが、二〇〇〇年ごろを境に、形こそ異なるものの、鳥の脳のほとんどの部分が哺乳類の大脳皮質に相当することがわかり、脳の進化からみても鳥の脳の位置付けが上がり、認知科学などの研究にカラスが登場することとなりました。

　また、カラスは身近にいる普通の生き物なのに、なぜか古くから特別な存在として位置付けられている話がいくつもあります。例えば、世界遺産の熊野古道で知られる熊野三山に祀《まつ》られている八咫烏《やたがらす》です。八咫烏の元となるカラスは、中国から伝承された三本足のカラス「三足烏《サンズゥウー》」であり、太陽から生まれたとされています。古事記では、神武天皇が大和朝廷を建立する際、彼らの行軍を助けた功績が八咫烏にあったとも記されています。さらに日本では、カラスを使ってその年の作物の出来具合を占ったり、カラスに供物をあげることで農作業や山での仕事の安全を願う神事も各地で行われてきました。このように、カラスは昔から人々の生活のなかに深く根差した鳥で、脳科学・行動科学など自然科学の目で見ても豊富な生物情報を提供してくれる一方で、文学や伝承などにも登場することが多い動物です。このため、カラスは自然科学のみならず人文社会科学などの目で見てもおもしろみが深い生き物です。

私がカラスを研究するようになったきっかけは、この身近なカラスの思わぬ側面を見てしまった出来事にあります。今から約二十年前になりますが、大学の附属農場で飼育していたニワトリが、まるでイタチにでも襲われたかのように惨殺される事件が続きました。イタチはもちろん、犬・猫一匹も通れないように厳重にニワトリ小屋の隙間を目張りしたのですが、事件は続きました。犯人捜しのために研究室の学生が泊まり込み、張り込んだところ、なんとハシブトガラスが犯人であることがわかりました。ニワトリ小屋には運動場がついていて、ある程度自由に外に出られる構造をしていましたが、丁寧に柵を目張りしていたので、ほかの野生動物は入れないと思っていました。しかし、カラスは空から浸入していたのです。

今でこそカラス博士と呼ばれる私ですが、当時はカラスのことをよく知らなかったので、カラスがニワトリを襲って食べるなんて考えもしませんでした。この事実に非常に驚いたと同時に、研究者としてたいへん興味をもちました。タカやワシのような猛禽類でもないのに、こんなことをしでかす鳥。黒づくめの外見からか、死をイメージする不吉な鳥として嫌われ者のレッテルを貼られる一方、賢い鳥として尊敬される一面をもち、神の使いとしての言い伝えもある鳥。色々な側面を見せるカラスに興味をもち、ほんの出来心だったのですが、脳や視覚の研究をしていた自分の専門に結びつくものだと、カラスの脳を見てみることにしたのです。そして、初めてカラスを解剖して脳を見た瞬間に、二十年後の今に至るまで、長きにわたりカラス研究にのめり込んでしまうスイッチが入ったのでしょう。頭蓋骨を開いたときに見た、カラスの脳のふっくらと充実した様子は、ネズミからヒトの脳を含め数々の動物たちの脳を見てきた私にとって、たいへんショッキングであり、また研究材料として非常に魅力的だったのです。

こんな経験をもとに本書は、みなさんがカラスを知るきっかけになればと思い『カラス学のすすめ』と題して、目で見える部分・想像の枠を超えない部分のカラス百景をまとめたものです。私は、これまでにもいくつかカラスに関する本を書いてきましたが、専門書と呼べるものを最後に書いてから十五年近くが経ちました。その間に私の研究室ではカラスをバラバラにして体の隅々を調べ、飼育し、賢さを評価する学習実験を行いました。本書ではその研究の成果を中心に、カラスの身体能力や翼の構造、鳴き声の意味、知的能力の凄さなどを、なるべくわかりやすい表現になるように気をつけながらも、ときにマニアックに紹介していきたいと思います。なお、本書では、ハシブトガラス、ハシボソガラス、カレドニアガラスなど、カラス属に入るカラスを必要に応じて「カラス」と呼んでいます。

本書により読者のみなさんがあらためてカラスを考えるきっかけになればと願っています。

CONTENTS

第一章

カラスと人間のこれまで

人間はカラスをどう見てきたか

種によりますが、カラスは日本中どこでも見ることができます。ですから、カラスは良きにつけ悪しきにつけ、古来より私たちにはとても身近な鳥だったのです。カラスにまつわる話は全国に多くありますし、「烏《カラス》」がついた地名もたくさんあります。また、日本だけでなく世界的にも身近なカラスは、神事や童話をはじめ、色々な形で人間の日常に登場していきます。現に、アメリカのバージニア州バーリントンには、カラスの看板が目印の「Crow Bookshop」という本屋もあります。また、科学の世界でも、行動学、心理学などの分野でカラスを対象にした研究が多くあります。一方で、かの有名なシェイクスピアの作品『オセロ』や『マクベス』には不吉な預言者として登場し、日本でも地方によってはカラスの鳴き声は死者が出る予兆とされ、国内外で共通してカラスは不幸を連想させるものととらえられています。

さて、どうしてカラスはこのように多方面から注目をされるのでしょうか。私なりに考えてみましたが、まずカラスは身近にみる野鳥としては大きい方です。また、色も黒あるいは灰色、白と黒とのツートンカラーで、地味ながらも目を引きます。それに、彼らの多くはその土地に定住する留鳥ですから、四季をとおして一年中人間のそばにいます。さらに頭が良く、適応性に優れている。これでは人間たちの関心を引かないわけがありません。カラスはこうしたことから人間に様々な印象を与え、単なる鳥ではなく吉凶両方のイメージをもつ鳥として見られてきたのでしょう。

本章では、伝承・神話、神事、童話、絵画、童謡に出てくるカラスを紹介し、古くから人々がカラスをどう見てきたかを考えたいと思います。

カラスにまつわる伝承・神話

日本

「三足烏《サンズウー》」は中国神話に伝わる太陽を象徴する三本足のカラスで、この三足烏の記載がある我が国で最も古い書は『倭名類聚抄《わみょうるいじゅしょう》』です。その天文に関するところに、太陽の鳥として三本足のカラスが書かれています。『古事記』では、神武天皇が大和朝廷を建てたとき、八咫烏に功績があったと記されています。神武天皇が日向《ひむか》（現在の宮崎県）から東に向かって戦いに出て、海回りで紀の国（現在の和歌山県新宮市）に上陸の行軍を企てたのですが、荒ぶる神の化身・大熊が現れ、毒気にあてられた一行は気力を失い、地上での行軍ができなくなってしまいます。そのとき、天照大御神《あまてらすおおみかみ》と高木神《たかぎのかみ》が八咫烏を道先案内役として遣わし、そのおかげで神武天皇は無事に吉野川にたどり着いたそうです。やがて、天武天皇の即位以来、即位式で使う装束には三本足のカラスの印が入ったものが使われる

倭名類聚抄（わみょうるいじゅしょう）：平安時代中期につくられた辞書。承平年間（九三一～九三八年）、勤子内親王の求めに応じて源順（みなもとのしたごう）が編纂した。略称は和名抄（わみょうしょう）。

神武天皇（じんむてんのう）：日本の初代天皇とされる神話・伝説上の人物。

ようになりました。ただ、このときの八咫烏の足が三本であったかは疑問が残っています。この点については章末の「カラス豆知識1」をお読みください。いずれにしろこの話で、神がキジでもハトでもなくカラスを道先案内役として遣わしたのは、カラスが賢い鳥として当時から定評があったからではないかと考えています。カラスは記憶もさることながら知恵もあるので、神武天皇の道々に起こる障害の対応にも優れていると思われたのでしょう。

私の推察は別としても、このようにカラスは本来、神の使いとして信仰され、日本では祀っている神社も多いのですが、その代表例として和歌山県の熊野神社が挙げられます。こうした神社では、カラスの絵や独特のカラス文字が入ったお守りを参拝者に配っています。また地域によっては、カラスを描いた的を弓矢で射って無病息災や豊作を祈願する地域もあります（後

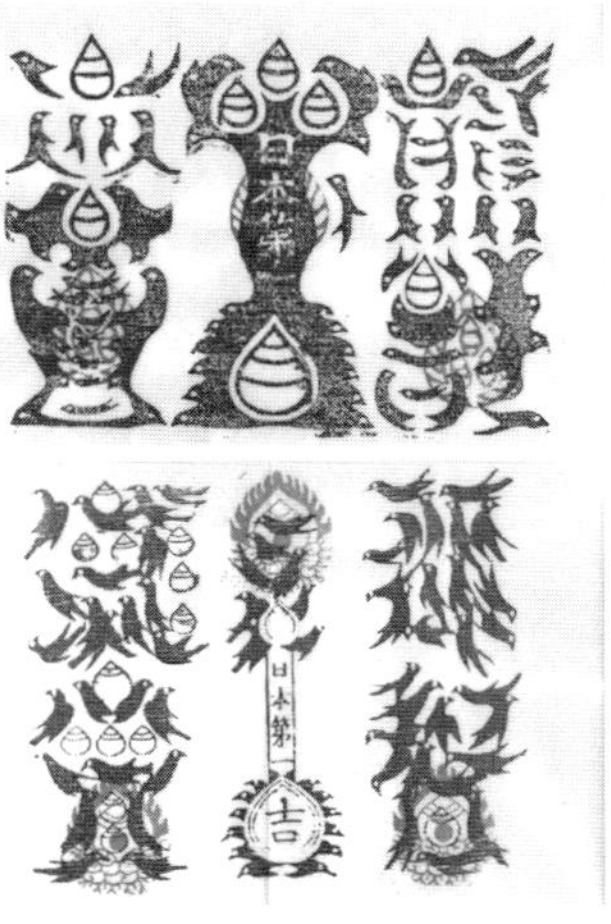

熊野午王宝印《ごおうほういん》。カラス文字と宝珠を組み合わせてデザインされている。熊野三山特有の御新符で、左上が熊野本宮大社、右上が熊野速玉大社、左下が熊野那智大社のもの。本宮は85羽、那智は72羽、速玉は48羽のカラスで描かれている

述のオビシャ祭)。ほかにも、東京都府中市にある大國魂《おおくにたま》神社で毎年七月二十日に斎行《さいこう》される「すもも祭り」では、五穀豊穣・悪疫防除・厄除の信仰をもつ「からす団扇」「からす扇子」を頒布《はんぷ》しています。

ほかにも、三本足のカラスが現在のように二本足になったのは「犬に一本あげたためである」という昔話もあります。昔、犬もカラスと同じ三本足で、前足が二本、後ろ足が一本だったというのです。カラスは飛び回るので足は多くなくても良いのですが、犬は地上を歩くので三本足では何かと不都合です。そこで犬が神様にもう一本の足をお願いしたところ、神様は犬にカラスの足を一本授けたと言われています。犬は神様にいただいた貴重な足なので、オシッコをかけないよう、片足を上げて用をたすようになったという、おもしろいオチがついています。

韓国

韓国ではカラスを良いイメージで見る場合と、悪いイメージで見る場合があります。良い方では、「反哺鳥《ハンボチョ》」あるいは「孝親道」と言って、カラスが大人になったら老いた親に食べ物を与える習性から、孝行心の深い鳥と称えられることもありました（この考え方は日本にも伝わっています）。一方、物忘れの多い人を「カラスの肉をゆでて食べたのか、なぜそんなに物忘れがひどいんだ」と揶揄《やゆ》したり、カラスを食べると顔の黒い子供が産まれると信じられているなど、悪いイメージをもたれることもあったようです。

新羅《シラギ》の時代のものですが、今の浦項《ポハン》市の迎日湾《ヨンイル》を舞台にカラスが登場する『延鳥郎細鳥女《ヨノランセオニョ》』という神話があります。延鳥郎《ヨノラン》という漁夫が海草を採っていると突然、岩が現れました。それに乗ると岩が動きだし日本に渡ってしまいました。新羅に残された妻の細鳥女《セオニョ》が嘆き悲しみ海辺に行くと、再び岩が現れ、彼女も日本に連れていったのです。二人が去ってからの新羅は太陽と月が光を失い、大騒ぎになりました。新羅の日月が光を失ったのは延鳥郎と細鳥女がいなくなったせいだということに気付いた新羅の王様は、急いで夫婦を連れ戻すよう日本に使者を送りました。しかし延鳥郎は、「自分は天によって日本に遣わされた」と、新羅に帰ることを拒否しました。そのかわりに、細鳥女が織った絹織物で天を祀《まつ》れば光を取

新羅（しらぎ）：古代朝鮮半島の三国の一つで、朝鮮最初の統一王朝と言われている。「しんら」とも呼ぶ。紀元前五七年ごろから九三五年まで続いたが、「新羅」を正式な国号としたのは五〇三年と言われている。

り戻せると教えたのです。はたして言われた通りに天を祀ると、新羅の太陽は光を取り戻したというのです。この神話に登場する夫婦、実はカラスです。この神話から、韓国でもカラスを太陽の象徴である「三足烏」とみなしていたことがわかります。

調べてみると、韓国でカラスが蔑視《べっし》されはじめてから、まだ二百〜三百年程度しか経っていません。実はこれにも神話が関連しています。閻魔大王の言いつけで、人間の寿命が書かれた紙を伝えに下った「降臨」（人間の世界に降り立った神。天使のようなもの）が、面倒臭がってカラスにこの紙を託したそうです。ところがこのカラス、行く道でトンビと争った際に紙をなくしてしまい、仕方なしに適当に寿命を伝えたそうです。人間の寿命が人によって長かったり短かかったり、めちゃくちゃになってしまったのは、このカラスのせいだというのです。

済州《チェジュ》に伝わるこのような神話が広がったことにより、韓国でもカラスは「不吉な鳥」という烙印を押されてしまいました。韓国には「カラスが遊んでいるところにシラサギよ行くな」という諺《ことわざ》もあり、白いシラサギを善人、黒いカラスを悪人のように位置付け、黒に染まらないように、という教訓もあるようです。やはり黒い色は悪いイメージをもたれるのでしょう。

中国

中国神話では、東方の天帝《てんてい》、帝俊《テイシュン》とその妻の義和《ギワ》には十人の息子（太陽）がおり、東方の海の果ての陽谷に住んでいたそうです。その谷には、高さが九百メートル以上で太さが三百三十メートルの神木が生えていたそうです。その神木が息子たちの住み家でした。十の太陽は交代で一日に一人が地上を照らし、決まった順番とコースで、何千回も規則正しく動いていました。注

あるとき、彼らのいたずら心から、十の太陽すべてが同時に空に飛び出してしまいました。太陽が十も現れたのですから、地上は灼熱地獄となり、作物はすべて枯れ果て、たいへんな飢餓に襲《おそ》われたそうです。困った地上の皇帝は、天帝に頼んで弓の名人を派遣してもらいました。地上に降りた弓の名人は、一つを残して九の太陽を射落とし、地上は再び平穏を取り戻したそうです。このとき、射られた太陽は破裂して黄金の羽根が散ら

天帝（てんてい）：古代中国において、天地、万物を支配する神。創造神。

注：私なりの解釈ですが、現在の四季ごとの太陽に、さらに春分、夏至、秋分、冬至など、それぞれ役割が決まった太陽があると信じられていたのでしょう。

ばり、真っ赤な物体が落ちてきたそうです。これが太陽の精で、三本足のカラスだったというのです。

ちなみに、カラスの足が三本なのは、中国の陰陽五行説によるもののようです。陰陽五行では「陽」は奇数、「陰」は偶数となっています。太陽から出てきたカラスなので「陽」であり、足が三本になったようです。また、三本には「天、地、人」という意味があるとする解釈もあります。大きな自然とそのなかで生を営む人との関係を一身に預かる天からの使者として、三本足のカラスが偶像《ぐうぞう》化したのかもしれません。ほかにも、カラスは太陽から出てきたから焦げていて黒いという話もあるようです。中国では黒は珍重な色とされていること、朝日が出る少し前に飛び立ち夕日とともに住みかに帰る行動パターンから、太陽とか神にカラスが結びついたと考えるのは私だけでしょうか。

さて、このように立派な伝承のある中国では、カラスは本来、吉兆の鳥でした。しかし現在は不幸を呼ぶ鳥とされています。私の研究室にも中国からの留学生がいましたが、「家の近くにカラスが来ると死人が出る」あるいは「不幸なことが起こる」と信じられており、マイナスのイメージがあるようでした。日本や韓国と同様に、太陽や神という神聖なイメージから、縁起の悪い鳥に成り下がってしまいました。これにもそれなりの理由があります。そもそも、カラスは死肉でも何でも食べます。アンデス山脈の先住民族などでは、ハゲタカに死者を食べさせる「鳥葬」という儀式があります。これは高山とか岩棚で行いますし、鳥も猛禽類《もうきんるい》ですからある意味、納得がいきます。しかし、人里近くで見られる土葬とか行き倒れなどの死肉に群がる鳥は、カラスくらいしかいなかったのでしょう。死肉に群がる不吉な鳥として定番になったのは、カラスの性《さが》、貪食がつくったイメージによるものとも考えられます。

もう一つ、中国に伝わるカラスの話で、月に逃げた美人の話があります。日本でいう月のなかのウサギと同じものでしょうが、なにせ美人の話ですから放ってはおけません。しかも、日本でも有名な魯迅《ろじん》の書物『故事新編』の「嫦娥奔月《ジョウガホンゲツ》」に出ています。嫦娥《ジョウガ》はさきほどの話に出てきた弓の名人、羿《ゲイ》の妻で、たいそうな美人だったそうです。羿は撃ち落とした鳥でダシをとったソバを妻に食べさせていたそうですが、十の太陽を射落とした後、息子を殺された天帝から恨まれ、嫦娥ともども神籍を剥奪され、地上に堕とされてしまいました。魯迅の書物によると、この後地上に堕りた羿は、周辺一帯の鳥を狩り尽くしてしまったそうです。世界中の鳥がいなくなり、最後にはカラスだけが残ったようです。彼は仕方なくカラスを撃ち落とし、それをダシにして妻にソバをつくってあげました。ところが、毎食のカラスソバに嫌気がさした嫦娥が月に逃げてしまいました。月を見て恋焦がれる人に想いを寄せるという話を聞いたことがありますが、中国のこの話から発想を得ているのかもしれません。

ところで、どうして最後まで残った鳥がカラスだったのでしょう。それはカラスの賢さ、用心深さの結果なのではないでしょうか。現在、日本でも年間三十〜四十万羽のカラスが害鳥として駆除されています。しかし、狩猟家の話によれば、カモや鵜《う》は比較的簡単に撃ち取れるもののカラスは銃口を向ける、あるいは鉄砲を担いでいるだけで飛び去るケースが多く、撃ち取るのがなかなか難しいそうです。もちろん最後には召し捕るため数字をみれば驚くくらい撃ち落とされているのですが、それなりの努力あってのことです。さて、そのようなカラスですから、中国の伝承にあるような弓の名人でもカラスが最後になったのでしょう。魯迅がどうしてこのような物語を書いたのか、その真意はわかりませんが、どんなに尽くしてももち玉がなくなったら愛する相手から見切りをつけられることが示唆されているようです。心当たりのある方は、今一度ご自分の人生を考え直してみてはいかがでしょうか。

エジプト

エジプトの友人から聞いた話によると、エジプトでもカラスは不吉な鳥だそうです。話の内容は次のようでした。人類最初の人間、アダムとイブには息子と娘が二人ずついたとなっています。人類が繁栄するために、この四人の子供たちのなかでカップルをつくり、結婚しなければいけません。しかし、どうやらここで三角関係が生じてしまったようで、息子同士が殺し合いをはじめ、弟が死にました。彼らは人類の創始者ですから、死者の扱いをどうしていいのかわかりません。そこでアッラーの神様に相談したところ、彼らに二羽のカラスを遣わしました。その二羽のカラスがケンカをして、片方が死にました。勝ち残ったカラスは死んだカラスの遺体を埋葬しました。生き残った兄は、カラスの埋葬方法を見て、遺体の処理を学んだのです。エジプトおよびイスラム世界において、カラスが「死」のイメージと結びつき不吉な鳥とされているのは、この話によるものだそうです。しかし、神が死者の埋葬方法を教えるのに、なぜカラスを遣わせたのでしょうか。これこそ「神のみぞ知る」といったところでしょうが、この話もカラスが賢い鳥だと思われていたこと、エサを埋めて隠すカラスの貯食行動が話の裏にあるのではないかと思うのです。

さて、民間伝承ではこのような話ですが、この話の元になっているコーランではやや異なります。概略を紹介すると、アダムには兄のカイン、弟のアベルの二人の息子がいました。二人は神に供え物を捧げたのですが、なぜか神はカインの供え物を受納しませんでした。アベルは「神は本当に敬虔《けいけん》な者からのみ供え物を受納するのです」と言います。その言葉に怒ったカインは「貴様を殺してやる」と殺意を表明します。アベルは「あなたが私を殺そうとしても、私は手出しをしません。あなたが私を殺して、私の罪を自分の罪と一緒に背負い火の住人となるなら、そうしてください。それこそ悪人の報いです」と兄に向かって話します。この言葉に激情した

コーラン：イスラム教の聖典。

敬虔（けいけん）：敬いつつしむ気持ちが深いさま。特に神仏を深く敬い仕えるさま。

カインは弟を殺してしまいます。やがて、アッラーの神に遣わされた一羽のカラスがやってきて、アベルの遺体を土に埋めることを教えるのですが、カインは「そうか、私は弟を葬ってやることもできない。カラスにも劣る人間になってしまった」と後悔の念に苛《さいな》まれます。これもカラスの貯食行動に関係した発想の話のように思えます。

二〇〇一年十二月に仕事でエジプトに行きました。首筋から肩、胸の羽が灰色で、日本で見るカラスとは色こそ違うものの、エジプトのカラスも貯食をしていたので、前世紀のエジプトのカラスもそうだったのだと思います。だからこそ、カラスが死体を葬るという発想が出てきたのでしょう。

イギリス

イギリスの観光名所として有名なロンドン塔には、六～八羽のカラスが王室の守り神として飼われているようです。これは、ある占い師が、ときの国王チャールズ二世に「ロンドン塔からカラスがいなくなると、イングランドに大きな災害が起こり、宮殿がなくなる」と進言したことからはじまったと言われています。そもそもこの話は、多くの死者が出た一六六六年のロンドン大火の際に、カラスが人間の屍《しかばね》をエサに集まり、あたかも修羅場のような光景になったため、チャールズ二世がカラスを駆除しようとしたときのお話です。ロンドンの街で被災者の屍を喰うのは野良犬かカラスしかおりません。何でも食べる鳥で市街に棲息するのはカラスだけです。芥川龍之介の小説『羅生門』でも飢餓《きが》で死んだ屍にカラスが群がる場面がありました。貪食なカラスはこのようなシーンによく登場します。いずれにしろ、大火災にあって、それ以上の災害を恐れるチャールズ二世は占い師の判断にすがるほかなかったようです。

ほかにもイギリスには、英雄アーサー王が魔法によりカラスに変身させられたという伝説もあります。紳士の国、産業革命の国として歴史に残るイギリスでは、カラスの地位は意外にも高いのかもしれません。もっとも、イギリスの話に登場するカラスは、日本のカラスより大きく、紳士のように毅然《きぜん》としたワタリガラスですが。

ギリシャ

ギリシア神話では、太陽の神アポロンに仕える者としてカラスが出てきます。そのカラスは羽装《うそう》が綺麗で、人間の言葉を話す賢い鳥でした。ところがこのカラス、アポロンの妻コロニスが地上界の人間と親しくしていると間違った報告をしてしまったことから、黒いカラスにされてしまいます。と言いますのは、カラスの報告を聞いたアポロンは強い嫉妬《しっと》と怒りから妻コロニスを殺してしまうのですが、死ぬ間際に「あなたの子を身ごもっている」と告げたコロニスの言葉に我に返って後悔し、間違った報告をしたカラスに行き場のない怒りをぶつけ、その美しい羽の色と美声と人語を奪ったというのです。そしてカラスは天界を追放され、喪に服すかのように羽は漆黒に変わり、声も潰れて、言葉を話すどころか醜い鳴き声を発することしかできなくなったとされています。

北欧

北欧神話に出てくる主神オーディンは、全知全能の神として称えられており、万物の頂点として尊ばれています。そのオーディンを示す絵画には、両肩にカラスが一羽ずつ止まっています。このカラスたちはワタリガラスであり、「フギン」と「ムニン」と呼ばれます。フギンは「思考」を、ムニンは「記憶」を意味するそうで、これらは知恵の根幹をなす要素です。フギンとムニンはオーディンへ様々な情報を伝えるために、世界中を飛び回っています。このことからも、カラスは北欧の人々から見てほかの鳥とは違う知恵のある動物だったということがわかるでしょう。

北アメリカ

ネイティブ・アメリカンに語り継がれている伝承では、ワタリガラスは世界の創始の神として、山の木々、地上、海の生き物に命を

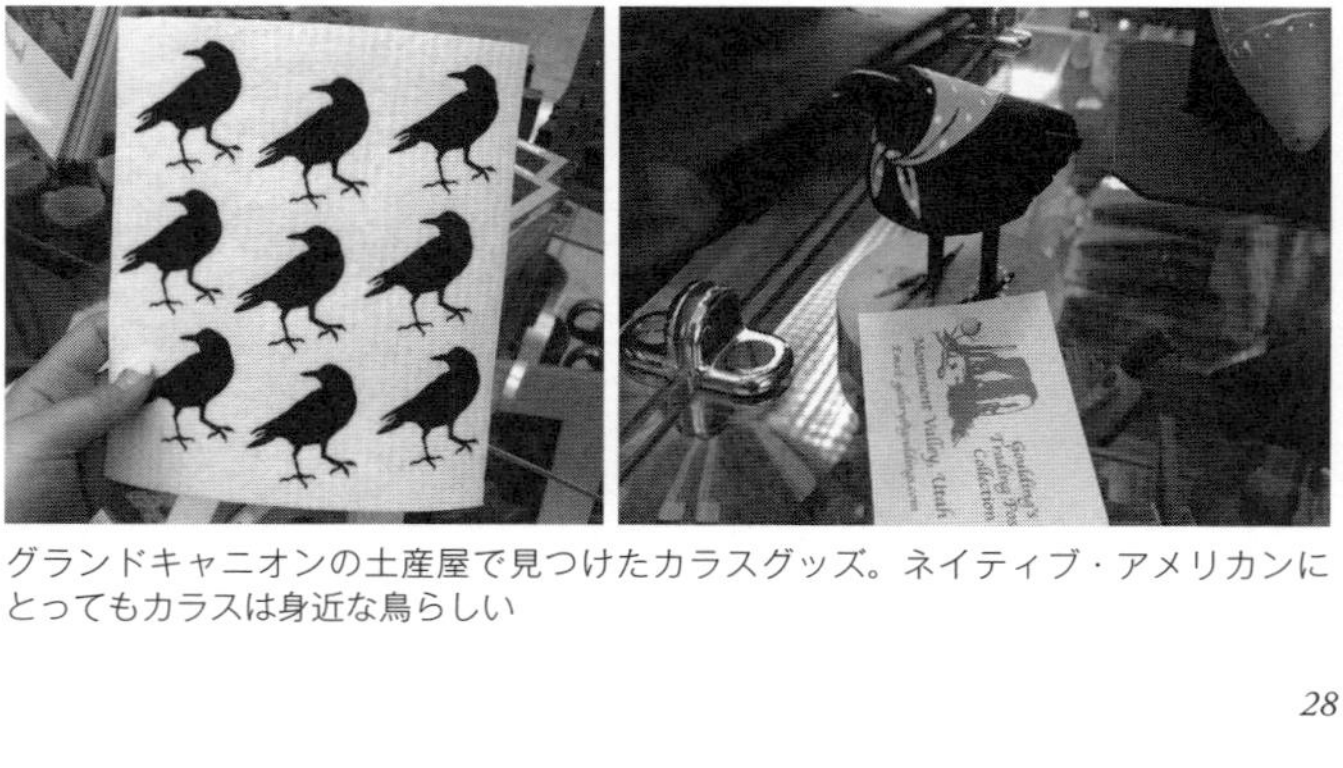

グランドキャニオンの土産屋で見つけたカラスグッズ。ネイティブ・アメリカンにとってもカラスは身近な鳥らしい

吹き込んだそうです。太平洋岸北西部の神話では、抜け目ない利口な二面性のあるキャラクターとして描かれていますが、一方で愚か者として描かれる場合もあり、ときには両方の性格を併せもつものとしてみられています。賢者であるが悪い要素をもつなど、法や秩序に制限されない存在という位置になっているようです。このことは、日本のカラスからも想像がつきます。賢い振る舞いで注目されますが、ゴミ漁りや農作物の盗食など、法や秩序はまったくの無視です。

旧約聖書のなかのカラス

カラスは、旧約聖書にも登場します。キリスト教信者でなくても知っているであろう、有名な『ノアの箱舟』です。悪が蔓延《まんえん》した地上の世界を嘆いて、神は地上に大洪水を起こし、すべての悪を滅ぼそうとしました。しかし、神に従うノアの家族と動物たちの番《つがい》は船に乗せて助けます。百五十日間の大洪水で、地上の生き物はノアの一家と動物たちを除き、すべて滅びました。生き残ったノアは、地上の様子を偵察《ていさつ》させるためにカラスを放ちますが、カラスは止まるところがなかったのか戻ってきました。その七日後にノアはハトを放ちます。ハトはオリーブの枝をくわえて戻ってきたため、ノアは嵐が収まってきたことを感じます。さらに七日後にハトを放ったところハトは戻ってこなかったので、地上に平和が戻ったと判断し、ノアは船を降りました。

このとき、なぜカラスが最初に選ばれたのか、その理由はわかりませんが、カラスは知恵者ですから、偵察者としての使命を十分果たせると思われたのではないでしょうか。この伝承には、放たれたカラスが戻らず、太陽に帰ったと解釈するものもあるようです。現在は、ハトもカラスも都会で、糞公害やゴミの食い荒らしを起こす悪者と見られていますが、旧約聖書の『創世紀』では、重要な使者として人間の役に立っていたのです。つまり、ここでもカラスは賢い鳥としての地位はあったようです。

神事《しんじ》のなかのカラス

カラスは農村の神事《しんじ》や言い伝えにもよく登場してきますが、このカラスがどうして悪者に喩《たと》えられるのでしょうか。その理由を私なりに考えてみました。カラスは昔から身近な鳥であるとともに、何でも食べる雑食性の鳥ですから、春先にせっかく植え付けた大豆の芽や、トウモロコシの種子など手当たり次第にほじくり返したりします。農林水産省の調査でも、農作物の被害はカラスによるものが一番多いのです。このため、昔から農家の人にとっては近づいてほしくない鳥でした。

また、神事は一年の豊作を祈願する行事で、カラスが畑に来ないように願うこともその目的の一つです。しかし、あからさまにカラスを恨むような儀式を年度始めからするのも大人気ないと当時の人が思ったのか、賢く神の使いとも言われているカラスへの畏怖《いふ》の念もあってのことか、いずれにしろそういった気持ちが交錯して、「カラス様、今年もどうぞあまりいたずらをしないでください」といった気持ちでカラスを祀《まつ》ったのではないでしょうか（もちろん、これは私の独断と偏見ですが）。以下に、国内で行われている神事をいくつか紹介します。

山入りの神事

正月六日は「山入り」あるいは「ナタ入り」と呼ばれ、その年で初めてノコギリやナタを使う日になります。農家の主人は「カラス！　カラス！　カラス！」と山に向かって大声を張り上げます（実際には「カース！　カース！　カース！」と聞こえます）。そして畑の中央で半紙に米を供えるのです。カラスは山の神の使いという地位にあったようで、「山入り」とか「ナタ入り」という行事は、山仕事の安全祈願の儀式として古くから各地で行われていました。地域によっては、「カラスよばわり（呼ばい、呼ばり）」とも言い、正月十四日に、田んぼに供物を備え、カラスを呼び、その年の豊作を願う儀式を行います。供物は米、餅を小さく切ったもの、塩鮭などで、備え松の枝木を立て、それに幣束《へいそく》を結びます。その近くに供物を捧げ、カラスを呼ぶのです。

幣束（へいそく）：裂いた麻や畳んだ神を細長い木にはさんだ祭具。おはらいをするのに用いられる。

このような儀式は、私の住む栃木県の芳賀《はが》郡芳賀町や、隣の真岡市でも、戦前はよく行われていたと、あるご老人が懐かしそうに話してくれました。また、柳田國男（一八七五～一九六二）の『遠野物語』にも、「鴉《からす》呼ばりと言うことも、小正月の行事である。枡《ます》に餅を小さく切って入れ、まだ日のあるうちに、子供らがこれを手に持って鴉を呼ぶ。村のかなたこなたから、鴉来う、小豆餅呉《あ》るから来うこ。と歌う子供の声が聞こえると、鴉の方でもこの日を知っているのかと思われるほど、不思議に沢山な鴉の群がどこからか飛んでくるのであった」と記されています。

　私は農家の生まれなので、直感的にこのような行事の意義を理解することができます。私の親の世代は「害虫だろうが害鳥だろうが、農作物を食べにくると今年のできはいい」あるいは「虫や鳥がたくさん寄ってくるので今年（の収穫物）は蜜が多い」と口にしていました。昔の農家は、農作物の出来具合を動物の食行動によって分析、予測していたのです。

　甘い果物ができれば、その香りが遠くまで飛びます。結果、それを嗅ぎつけたいろいろな動物が寄ってくるのです。カラスもそのなかの一員にすぎません。もっともカラスは鼻がさほど効きませんから、優れた視覚に

小正月（こしょうがつ）：元日を大正月と呼ぶのに対して、一月十五日に行う行事を小正月と呼ぶ。ほかに一月十四日～十六日の三日間または十四日の日没から十五日の日没までを表したり、元日から十五日までの間を示すこともある。地方によっては十五日に小豆粥を食べるところもある。

頼って熟れ具合を判断しているのでしょう。

こういった背景を考えると、自然界の動物にその年の農作物の収穫を祈念するのは、当然の成り行きとわかります。現在では、糖度計などで農作物の甘みを計ることができますが、昔はカラスをはじめ、いろいろな動物が糖度計の役割を果たしており、昔の農家は収穫物の出来具合を計る材料である動物に畏敬《いけい》の念を抱いていたのです。その心の現れが神事に動物（この場合はカラスですが）を引き出すことにつながっているのでしょう。

御鳥喰《おとぐい》神事

広島県の厳島《いつくしま》神社、亀甲山《きっこうざん》八幡神社、岡山県の田熊《たぐま》八幡神社、滋賀県の多賀《たが》神社や愛知県の熱田《あつた》神宮などもカラスとの関係が深く、神社に住み着いているカラスに米や餅をお供えして、やってきたカラスがどの場所のものを食べるかで吉凶を占う儀式を行っています。特に厳島神社で行われている御烏喰《おとぐい》式は御島巡式《おしまめぐりしき》とも呼ばれ、有名な行事となっています。

烏勧請《からすかんじょう》

旧正月に行われるこの儀式は、お神酒《みき》や餅を三ヶ所に分けてカラスに供え、カラスが最初にどの供物を食べたかで、その年に作付けする稲の品種（早稲、中稲、晩稲）を決める行事です。カラスが早稲を最初に選べば、その年は「早稲を中心に作付けしよう」ということになります。

農家にとって、カラスは自然の恵みを占う神の使者として位置付けられていました。今でこそビニールハウスで育苗をしているため、どんな地域でもある程度の品種の稲を作付けできますし、長期の気象予報も可能になっていますが、昔はそんな便利なものはありませんでした。稲を育てるために、春先、その年の気候を予測して、どの品種を作付けすれば収穫を得られるかは、ギャンブルにも等しい大きな賭けでした。自然の摂理に対しては、人間の力など無に等しいことを理解していた昔の農家は、最終的に神の使者・カラスに判断を仰ぐほかなかったのでしょう。「困った時の神頼み」と言いますが、農家の人々にとっては、「人事を尽くして天命を待つ」という神聖な気持ちでこのような儀式を行っていたのでしょう。ま

旧正月（きゅうしょうがつ）：旧暦の一月一日のことを指し、毎年一月二十一日～二月二十日ごろの間で変動する。日本では新月になる日がこれに該当するが、日にちは毎年大きく異なり、国によって日付は異なる。

た、儀式を行うことで、不安な気持ちを鎮める作用があることを直感的に理解していたのではないでしょうか。

残念なことに、現代人はあまりにも合理的で迅速な判断が求められる社会のなかで、儀式のもつ利点を忘れてしまったようです。私の老婆心かもしれませんが、カラス様の御加護を仰ぐ気持ちの余裕が、現代人にも必要なのかもしれません。

オビシャ祭（お歩射祭またはお備射祭）

旧正月や小正月前後で行われる神事で、これも豊年を願う行事です。三本足のカラスを描いた的に向けて矢を射るのです。神社によっては、的の絵が鬼の顔や文字になっているところもあります。東京では、新宿区の中井御霊《ごりょう》神社と葛谷《くずがや》御霊神社で、また千葉や埼玉などの一部の神社でも行われています。

神主や氏子代表が神社の鬼門に矢を放ち、その後、的を目がけて矢を射ます。私も二〇一八年の一月十三日に中井御霊神社で行われ

新宿の中井御霊神社のオビシャ祭り。二羽のカラスが描かれた的を射る

たオビシャ祭を見に行きましたが、的の中心には二羽のカラスが描かれていました。矢が的に当たれば吉、外れれば凶ですが、本来この神事は中国神話に伝わる太陽から出てきたカラスを射ることに由来しているため、日照による干ばつを厄除けし、五穀豊穣を祈る儀式と考えるのが妥当な解釈のようです。

カラスが出てくる物語

カラスは、あるときは神の使者、あるときは愛らしい生き物、あるときは人間の権化あるいは神の使いとして、多くの物語に登場しています。私もカラスが出てくる物語をいくつか読んでみましたが、そこには「怖い」「危険」「不吉」という否定的なイメージはほとんどありませんでした。ここからは、物語に出てくるカラスを紹介し、人々がカラスをどのような目で見てきたのか、考えていきましょう。

烏の北斗七星

この物語は宮沢賢治（一八九六～一九三三）による童話で、山ガラスと里ガラスという種の異なるカラスの闘争のなかで、斥候《せっこう》に来た山ガラスを里ガラスの陣営が先手を打って撃退する場面があります。山ガラスの斥候を撃退した里ガラスの幹部は、北斗七星に向かって「ああ、マンジュルさま（北斗七星）、どうか憎むことのできない敵を殺さないでいいように早くこの世界がなりますように。そのためならば、私の体などは、なんべん引き裂かれてもかまいません」と願いを口にしています。カラス同士の闘争を描くことで、争いのない世界を望む賢治の心を表現したものと考えられます。

さて、物語に出てくる山ガラスは「くちばしが細く、目玉がでしゃばっている」とされています。どんなカラスかはわかりませんが、賢治が生活していた岩手ではハシボソガラスが多く生息していますので、山ガラスはハシボソガラスに相当すると考えるのが自然でしょう。一方、里ガラスはハシブトガラスかと思いますが、実際のところは不明です。

斥候（せっこう）：敵情や地形などを密かに探ること、またそのための兵。

ぼうさまになったからす

この物語は日本の作家である松谷みよ子（一九二六〜二〇一五）と、小説家であり画家でもある司修《つかさおさむ》（一九三六〜）による絵本で、信州上田地方で語られていた物語が原作になっているようです。登場するカラスは、戦争にかり出され遠い大陸や南の島々で戦死した男たち（夫であり、父であり、兄であり）の霊を慰《なぐさ》めるために、海を渡り、坊さんになってお経をあげて供養をします。戦時中は「戦死＝名誉ある死」と考えられたため、夫、父、兄などが命を落としても、残された家族は大声をあげて悲しむことが許されませんでした。「カァ…カァ…」と悲しげに鳴くカラスに、悲しみの癒しを求めたお話です。

大きいカアアと小さいカアカア

ドイツの作家アヒム・ブレーガー（一九四四〜）による童話です。物語のなかで大きなカラス（カアア）と小さなカラス（カアカア）は、学校に行きます。小さなカラスは手を上げても先生に指されない目立たないカラスで、大きなカラスは目立つカラスです。ほかにも賢いカラスや勉強が不得手のカラスなど、様々なカラスが登場します。特徴も性格も異なる大きなカラスと小さなカラスが、学校という一つの共同体で生活し、成長していく様子が描かれています。この物語でカラスを学校の生徒に例えるのは、カラスの集団形成の性質を読み取っているのだと思います。

からすのカラッポ

日本の作家である舟崎克彦（一九四五〜二〇一五）による童話的絵本で、この物語に登場するカラスは、「貯食」という習性で損をしてしまいます。

トウモロコシを見つけたカラスは、それを必要なときに食べようと隠し置きます。また、ブドウを見つけたときも、完熟には少し早いから後で食べようと隠し置きます。しかし、隠し置いたトウモロコシやブドウはリスによって発見され、パンやジャムにされリスたちの食卓に並びます。カラスはそのパンやジャムでつくったサンドイッチをリスからもらい、「こんなにおいしいものをどうやってつくるのか?」とリスに尋ねます。なんとも間抜けなカラス。自分の食料をリスに取られてしまったことに気付かず、隠し置いたトウモロコシとブドウを探しに出かける……というお話です。作者の意図はわかりませんが、「浅知恵を働くと結局は損をする」ことを諭した本かもしれません。あるいは、「しまっておくだけでは役に立たない」ことを表現したのでしょうか。

銀河鉄道からす座特急

日本の作家である川村たかし（一九三一～二〇一〇）による小学生向けの童話です。身体が弱く、そのうえ交通事故に遭った女の子が瀕死の重体に陥っているのを心配する兄の心に、妹を救いたいという希望を叶えてくれるカラスが星座から出てきて、兄を励ますというお話です。

宮沢賢治の『銀河鉄道の夜』のように、列車がセルバンテスを天の世界に導く物語を連想させヒヤッとしますが、このなかでもカラスは神の使いや天の使者として登場し、願いごとを聞いてくれます。同じ銀河鉄道でも、この物語では、死にかけた人と周囲の人の願いで、女の子が命を吹き返す話になっています。

ソロモンの指環

オーストリアの動物行動学者であるコンラート・ローレンツ（一九〇三〜一九八九）による啓蒙書です。「ソロモン」とは旧約聖書に出てくるソロモン王のことで、ソロモン王は指環をしているとき、動物と語り合うことができたとされています。動物行動学者であるローレンツは、動物の行動から彼らの考えを理解しようとしました。そこで、ソロモン王にならって『ソロモンの指環』というタイトルにしたのでしょう。

カラスの話は第五話『永遠にかわらぬ友』に出てきます。作者が縁あってヒナから育てたコクマルガラスとの生活を、するどい観察力と巧みな表現力で語っています。コクマルガラスの知能の高さ、習性、カラスとの生活の楽しさが描かれています。

カラスをモチーフにした絵画

カラスは多くの画家たちからも、題材として使われています。画家たちはカラスをどのように見て、どのように表現しているのでしょうか。カラスを題材にした絵画をいくつか紹介していきましょう。

松に鴉・柳に白鷺図屏風

安土桃山時代に活躍した絵師である長谷川等伯《とうはく》（一五三九〜一六一〇）が描いた国宝の屏風画です。この絵には番《つがい》のカラスと三羽のヒナが描かれ、微笑ましいカラスの家族として表現されています。我が家にも子供が三人いるので、この絵を初めて鑑賞したときには、他人事ならぬ「カラスごと」とは思えず、見入ってしまいました。

屏風絵は、巣のなかでヒナを抱いているメスのカラスの近くの枝にオスのカラスが留まり、巣のなかのメスと鳴き交している光景です。ヒナもオスに鳴いて応えているようにも見えます。私もこれに近い光景を何度も見ています。メスが巣にこもっているときに、オスはエサを運んできますが、そうでないときは少し離れた木や建物の屋根に止まり、巣のなかの母子を見守っています。家族を守る父の姿を表現しているのかもしれません。

長谷川等伯は鳥や動物の姿を借りて、人間の情愛を表わすのが得意な画家であったとの定評があります。

霽《せい》

日本画家である山口華楊《かよう》（一八九九〜一九八四）による作品で、九羽のカラスが描かれています。真っ白な雪に降り立ち、雪面を啄《ついば》んでいるカラス、羽づくろいをしているカラス、周囲に危険を感じる要素がないか見張っているカラスなど、のどかな冬の日を、集団という安堵もあってのんびりと過ごすさまが描かれています。自然すぎて強調はされていませんが、黒と白のコントラストを調和させる高い技術としてカラスが選ばれているのであれば、黒装束のカラスは芸術の世界に大きな可能性をもたらす吉兆の鳥でしょう。カラスがある程度群れているのが自然に見えて作者が絵におさめたのかわかりませんが、この絵ではカラスの習性がうまく表現されていると思います。様子から、描かれているのはハシボソガラスです。作者は文化勲章を受章された高名な画家ですが、このような方に描きたいと思わせたカラスの魅力はたいしたものですね。

カラスの群れ　飛ぶ麦畑

オランダの印象派画家であるフィンセント・ファン・ゴッホ（一八五三〜一八九〇）もカラスを題材に絵を描いています。この作品には、二十九羽のカラスが黄色くなった麦畑を飛び去っていく（もしくは降り立つ）ところが、はっきりしない描き方で表現されています。空は暗く、あまり明るい画風ではありません。ゴッホのカラスの描写から、向かっている方向や飛び方を根拠をもって説明することができたら、私もプロっぽい

ゴッホの遺作とも言われる作品。カラスが麦畑から飛び去る（もしくは降り立つ）様子が描かれている

と思うのですが、いまだ難しいです。しかしじっと見ていると、飛び去っていく姿にも見えます。遠近法で、カラスたちは降りてくるというよりも、飛び去るため上に向かっているように見えるのです。ゴッホが何をカラスに託したかに興味が湧きますが、調べたところゴッホはこの作品を最後に自ら命を絶っているので、死の寸前に描かれた作品というイメージが一部では浸透しています。

童謡にみるカラスのステイタス

最後に、忘れてはならない童謡の話をしましょう。『七つの子』など、カラスが出てくる童謡はたくさんあります。カラスがどのように人から思われているのか、童謡からも探ってみましょう。

七つの子

カラスの話をするとき、忘れてはならないのが童謡『七つの子』です。日本人の多くが小さいころによく歌っているのは、日本人の心に深く染み入る情緒があるからでしょう。作詞は野口雨情《うじょう》（一八八二〜一九四五）、作曲は本居長世《もとおりながよ》（一八八五〜一九四五）です。一九二一年（大正一〇年）にできました。若い方のなかには知らない人もいるかもしれませんので、歌詞を紹介しておきましょう。

カラス　なぜ啼《な》くの
カラスは山に　かわいい七つの　子があるからよ
かわいい　かわいいと　カラスは啼くの
かわいい　かわいいと　啼くんだよ
山の古巣へ　行ってみてごらん
丸い目をした　いい子だよ

『七つの子』という題名から、カラスには七羽の子がいる、あるいは七才の子がいると思われていますが、実際にはカラスは二〜五個の卵しか産みませんし、約二年で大人になるので、どちらもありえません。

では雨情がどのような気持ちでこの歌をつくったのか。このことについて雨情のお孫さんである野口不二子さんの著書『郷愁と童心の詩人 野口雨情伝』を参考にしますと次のようにも考えられます。雨情の長男・雅夫さん述懐《じゅっかい》によると、雨情は詩人を目指し実家の稼業も顧《かえり》みなかったそうですが、祖母（雨情の母）の死を機会に実家に戻り、林業に将来を託し植林に励んだ時期があったようです。雅夫さんも手伝わされ、よく山に一緒に足を運んだそうです。このとき、雅夫さんは七歳です。植林の合間に休む山小屋にはカラスがよく寄ってくるので、親子はカラスを材料に会話することもあったようです。あるとき一羽のはぐれガラスが飛んでくると雨情は雅夫さんに「あのカラスはお母さんカラスを探しているのか、お父さんカラスを探しているのか、どちらだと思う?」と尋ねたそうです。この問いかけに雅夫さんは、当時、家を空けがちだった父との別れ日がまたやって来ると思ったそうです。ですからこの歌詞は、雨情が家族を残し単身でどこかに旅立つ際に、七歳の雅夫さんに家族のことを託す思いと、故郷に家族をおいて旅に出る寂しく辛い心境が「七」「古巣」「かわいい子」という言葉をつなげた歌詞になったのではと思います。

ですから、童謡『七つの子』に雨情は、「ようやく七つになったかわいい子供が家で待っている」という子煩悩な親の愛情と、夕方になると雨情とは反対に律儀に山の家族の元に帰るカラスに、それができないまでもそうありたいと思う家族への思いを重ね合わせたのではないかと考えられます。

からすの赤ちゃん

海沼實（一九〇九～一九七一）という童謡作曲家が作詞・作曲したものです。歌の最初にカラスの赤ちゃんが出てきますが、山羊の赤ちゃんやハトの赤ちゃんも出てきます。赤ちゃんの気持ちをそれぞれの動物の赤ちゃんが欲しいもので代弁するような歌です。子守り歌として合いそうですがここでは、下の一節について考えてみましょう。

からすの赤ちゃん　なぜなくの
こけこっこの　おばさんに
あかいお帽子《ぼうし》　ほしいよ　あかいお靴《くつ》も　ほしいよと
かあかあ　なくのね

ちょうど物心が付きはじめたころの幼子《おさなご》が、自分にはないものを欲しがる素直な可愛い気持ちを、カラスの赤ちゃんに例えているのだと思います。カラスはトサカがないのです。色も黒一色だし、何か可愛いアクセントが欲しい、そんな気持ちをカラスに例えればスッと頭に入ってきます。それに関連してですが「烏」は「鳥」に比較して、象形文字的にみると目にあたる一画を抜かれていますが、トサカを意味する一画目のチョンは取られていません。カラスの赤ちゃんはトサカを欲しがっていますが、赤い色こそ付いていませんが、漢字ではトサカがあるのです。カラスのために弁護しますが、カラスこそ真っ黒で円らな瞳があります。体も黒く、目も黒いので、一見、目がないように見えたため、目の一画が抜かれたのでしょう。でも、目は残して鶏冠の一画をとって「烏」と表現すればよかったのにと、思います。

カラスのかっくん

高田ひろお（一九四七〜）作詞、赤坂東児《とおる》（一九五八〜）作曲の童謡です。色々な動物が出てきて、その真似をカラスがする展開の可愛らしい歌になっています。歌詞にみられるように、猫や犬と会話をする設定は、おそらくカラスは賢い鳥であるとともに、身近にいるために人間の傍にいる猫や犬との出会いもありそうな、豊かな世界を描ける動物として認識されているのだと思います。そうした歌詞とリズムは、子供たちの想像の世界も広げます。カラスはそんな大役をこの歌で演じているのです。

カラスの　かっくん　ねこと　おはなしできる
ニャーとないたら　カァとこたえる
ニャーニャー　カァ
ニャーニャー　カァ
ニャーニャー　カァ
ニャーニャー　ニャーニャー　カァ

うるさすぎて　しかられて
カックン
カラスの　かっくん　いぬと　おはなしできる
ワンとないたら　カァとこたえる
ワンワン　カァ
ワンワン　カァ
ワンワン　カァ
ワンワンワン　カァ
うるさすぎて　しかられて
カックン

歌詞にみられるように、かっくんは猫や犬に合わせることができる、対応性がある賢い生き物という位置付けで登場しています。しかもカラスと動物のやりとりがうるさいという、現実的な苦言がユーモラスに盛り込まれています。カラスのステイタスの高さとともに、問題動物としての認識が楽しい歌に上手に詠まれています。

夕焼け小焼け

中村雨紅《うこう》（一八九七～一九七二）作詞、草川信《しん》（一八九三～一九四八）作曲の童謡です。一九二三年に曲ができました。歌詞は、子供たちが楽しい一日を過ごし、それぞれの家に遅くならないように帰ることを、カラスにうまく誘導させたのかもしれません。

夕焼け　小焼けで　日が暮れて
山のお寺の　鐘がなる
おててつないで　みなかえろう
からすと　いっしょに　かえりましょ

このように「からすと　いっしょに　かえりましょ」が決め台詞です。カラスは、日が暮れる少し前にねぐらに入りますから、ちょうど子供たちの帰り時間にするのにタイミングが良いのでしょう。それも季節の日の入りに合わせてカラスも帰りますので、柔軟な季節適応ができます。

軍隊のカラス

「太平洋戦争時代、軍人さんは制服を着れば個人などなく、階級がその人の認識につかわれました」（『海軍飛行科予備学生学徒出陣よもやま物語―学徒海鷲戦陣物語』陰山慶一、光人社ＮＦ文庫）。

日本海軍の場合、例えば私が少佐の階級章をつけていたならば、他人が私を呼ぶときには「杉田少佐」となります。その隊に少佐が私一人の場合は、「杉田」が抜かれ単に「少佐」と呼ばれます。

軍隊のなかで階級がある場合は良いのですが、新兵は階級章もなく、制服はまっ黒です。そこから新兵は「カラス」と呼ばれていたようです。個人の呼称など望めません。ハシブトガラス、ハシボソガラスと分けて呼ばれる本当のカラスの方がまだマシかもしれませんね。

カラス豆知識 1

八咫烏《やたがらす》三本足の不思議

神武天皇の行軍の際に道先案内役として天照大御神《あまてらすおおみかみ》と高木神《たかぎのかみ》に使わされた八咫烏《やたがらす》は、足が三本と理解されているのですが、この神武天皇を助けた八咫烏について記載している『古事記（七一二年頃）』および『日本書紀（七二〇年頃）』には、足が三本という記載はなく、日本で足が三本のカラスが初めて登場するのは、古事記や日本書紀が出たさらに二百年後（九三〇年代）に書かれた『倭名類聚抄《わみょうるいじゅしょう》』という辞書です。この書の天地部に、太陽からの鳥として三本足のカラスが八咫烏（夜太加良須）として記載されています。一方で日本書紀には天照大御神訓予天皇日「朕今遣頭八咫烏、宣行為郷導者」と記載されています。ところで、八咫烏のヤは八、タはアタ（咫）を略した言い方です。咫は、古代の長さの単位で、約十二センチメートルです。ですから八咫は約一メートルになります。また、頭

熊野大社のいたるところに見られる八咫烏は、熊野三山に共通する「導きの神鳥」として信仰されている

カラス豆知識 1

字がついているのは頭が大きかったことを示すという解釈もあります。したがって、文字通りに考えると、八咫烏を頭が一メートルの大ガラスと読めても三本足にはつながりません。また、一メートルという数字をカラスにはめると体長としては確かに大きいイメージですが、今のカラスでも羽を広げると一メートル近くありますので、突出した大きさにも感じません。ますます八咫烏とはどんなカラスなのかその謎は深まります。

つまり、中国から朝鮮半島を経て伝わってきた「三足烏」と神武天皇を導いた「八咫烏」がどこかで結びつけられた可能性があるのです。調べるところでは、当時熊野の地には三豪族の熊野三党（宇井、鈴木、榎本）が勢力をもっており、実際は彼らが神武天皇の行軍を助けたという説もあり、三本の足は三党を意味するという解釈もあります。いずれにしろ、熊野本宮大社では八咫烏を神の使いとして主祭神 素盛鳴尊《すさのおのみこと》の御神徳として「智・仁・勇」または「天・地・人」の意を表すとしています。

第二章

カラスを語るための一般常識

カラスはどんな鳥の仲間か

カラスの起源はオーストラリア大陸で、約七千万年前になると考えられています。東南アジアを経由し、世界に分布していったようです。人類の祖先サヘラントロプス・チャデンシスがチャド共和国の地層から発見されて以来、人類の発祥は七百万年前と言われますが、カラスはその十倍の歴史をもっていることになります。

ところで冒頭から正確さを欠いて申しわけないのですが、日本には「カラス」という名の動物はいません。本書では、タイトルにはじまり各章のなかに頻繁《ひんぱん》に「カラス」を主語にしてはじまる説明がありますが、正確に言えば正しくありません。多くのカラスに関する本もそうですが、「○○カラス」を「カラス」と置き換えている場合が多いのです。実は「カラス」とは、スズメ目カラス科の総称になります。カラス科にはカラス属はもちろんですが、オナガ属、カケス属、カササギ属などを含む二十五属百二十八種の鳥が含まれています。我々の思う「カラス」とは、このなかの二十五分の一にあたる四十六種の鳥のなかでも、特に身近な二種である「ハシブトガラス」と「ハシボソガラス」です。このため「カラス」というくくりは、ちょっと外れた使い方になるのです。しかしほとんどの人はカラスを区別していないので、単に「カラス」といった方が伝わりやすいでしょうし、日常感覚での理解も進みます。ですから、この本でも「カラス」という呼び名は数種のカラスについてのみ示したものであることをご理解ください。

さて、カラスはスズメ目カラス科カラス属として分類されることはすでに述べた通りですが、カラスは同じスズメ目のスズメ（スズメ目スズメ科スズメ属）、モズ（スズメ目モズ科モズ属）、オナガ（スズメ目カラス科オナガ属）、カケス（スズメ目カラス科カケス属）などと進化的には近いところに位置します。あえて分類しましたが、こうして見ると属の名前が我々にとって親しみのある鳥の名前と一致しますね。くどいかもしれませんが、この「属」のなかには何種類もの鳥がいて、カラス属だけでも四十六種のカラスがいるのです。

多くの鳥は採食行動も営巣も樹上で行うため、森林に棲息しています。

しかし、体も大きく高い能力をもつカラスの仲間は、もはや怖いものがないのか、ビルが隣立する都市やひらけた耕地、平野に棲息《せいそく》するようになりました。そして少しずつ時間をかけて、人間の生産した食糧には豊富な栄養があること、家畜の歩いたあとに蹄《ひづめ》で掘られた土からエサとなる虫が取れること、究極は人間の出した生ゴミが美味しいことなど、人間とともに暮らす利点を学習したのだと思います。

日本で見られるカラス

前述したように、日本でよく見られるハシブトガラスやハシボソガラスは、動物分類学的にいうと脊椎動物門鳥綱スズメ目カラス科カラス属に分類されます。このカラス属に分類される鳥は世界で四十六種、そのうち日本で見られるのは主に五種です。ここで、これから登場するカラスたちの簡単なプロフィールを紹介しましょう。詳細は必要に応じて（ときにはマニアックに）各章で紹介しますので、ここはあくまでも導入として、ごく簡単に紹介します。

身近なカラス

我々日本人にとって身近なカラスといえば、ハシブトガラス（*Corvus macrorhynchos*）とハシボソガラス（*Corvus corone*）です。この学名に日本に住む亜種名までつけると、どちらもとても長く立派な名前になります。例えば、日本に棲むハシブトガラスの学名は*Corvus levaiullantii japonesis Bonaparte*、英名はJapanese jungle crowです。一方、ハシボソガラスの学名は*Corvus coroneorientalis Eversman*、英名はEastern carrion crowです。私は普段、簡単に「ハシブト」とか「ハシボソ」と呼んでいますが、正式に呼ぼうとしたら舌を噛《か》みそうな立派な名前ですね。

この二種のカラスはどちらも「留鳥《りゅうちょう》」と言って、四季を通していつも同じような場所に棲息《せいそく》し、渡りはしません。たまに生活圏を変えるものもあるようですが、基本的にはねぐらをもって、常時、同じような地区で生活をしています。また、最近では東京のカラスもどうやら近県の埼玉などからも流入しているという話があります。

ハシブトガラス

ハシブトガラスの体重は六百~八百グラムで、体長は約五十六センチメートル、翼開長時は約百五センチメートルです。クチバシはオスが約七センチメートルで、顔面から大きなバナナのようにカーブしています。上クチバシの先端は下クチバシの先端よりも少し長く、鋭くなっています。メスではやや小さくなります。鳴き声は「カァ~カァ~」と比較的澄んでいます。食性は雑食ですが、どちらかというと肉を好みます。産む卵の数は二~五個です。

東京二十三区内には、平成十三年で推定三万五千~四万羽が棲息していましたが、十二年ほど前からのカ

ハシブトガラス。クチバシが大きく、頭が丸い

ラスを減らす取り組みの成果なのか、現在は一万二千羽ほどに減っています。ハシブトガラスは日本中どこにいても見られますが、地方にいくと数がやや少なくなるようです。一方、オオワシやトビなどの猛禽類を見かけなくなった東京では、ハシブトガラスが大型の野鳥になります。東京などの大都市で見られるカラスは、ほとんどがハシブトガラスです。

ハシブトガラスの亜種には、沖縄でみられるリュウキュウハシブトガラス、対馬で見られるチョウセンハシブトガラス、八重山《やえやま》列島でみられるオサハシブトガラスがいます。これら三亜種は、本州でみるハシブトガラスよりやや小ぶりのようです。

ハシボソガラス

体重は四百五十〜六百五十グラムで、体長は約五十センチメートル、翼開長体は約九十センチメートルです。ハシブトガラスより一回り小さく、クチバシもオスが約五センチメートルと小さく、ハシブトガラスのそれに比べたらすごみはありません。鳴き声はハシブトガラスが澄んだ鳴き声をするのに対して「ガァ〜ガァ〜」と濁った鳴き声をします。さらにおもしろいことに、この鳴き声を発するときに体全体で力を振り絞るように、胸から頭にかけて上下に振りながら力一杯鳴きます。その鳴く姿は何か苦しんでいるようにも見えるのですが、その後、息が続かずに飛べなくなった姿は見たことがないので、別に苦しくはなさそうです。ハシブトガラスと同様に雑食性ですが、カエル、虫などの小動物、木の実、畑作物の種や芽などを好んで食べます。クルミ割りをするカラスとして知られているのもこの種のカラスです。産む卵の数は二〜五個です。

このカラスも日本中どんな所でも見かけますが、一般的には都市部よりも郊外の農村部に多く棲息しています。大きな公園や河川敷の芝を歩いているのもこの種のカラスです。春先に農村部で田んぼを耕すトラクターの後を二十〜三十羽がノコノコ付いて歩き、トラクターによって掘り返された土のなかの虫や生き物を

ハシボソガラス。クチバシは細長く、頭もややシャープ

啄《ついば》んでいる風景を見せてくれます。両者を飼育した私の経験から言うと、ハシブトガラスより警戒心が強い印象があります。

あまり身近でないカラス

「あまり身近でない」と言っても、東京などの都市部や本州の平野部で見かけないということで、以下のカラスが棲息している地方の方々にとっては、もちろん身近なカラスになります。

ミヤマガラス

ハシボソガラスより一回り小さく、体長は四十七センチメートルくらい、体重も三百グラム程度です。クチバシもやや小さく尖っていて、その根元の皮膚が露出しているため、白っぽく見えるのが特徴です。鳴き声は「カァ〜カァ〜」でも「ガァ〜ガァ〜」でもなく、「カラララ」と細く小さく鳴くようです。穀類や昆虫をエサにする雑食性です。

冬鳥として、十月過ぎくらいに大陸から九州地方や本州の西日本の日本

冬鳥（ふゆどり）：主に越冬を目的に日本よりも寒い国から渡ってきて、冬を日本で過ごし、冬が終わると再び繁殖のために元いた国に戻っていく鳥。

海側に渡ってきていました。年々確認される都道府県に広がりを感じますが、大量には見られていないようです。数年前から新潟で多く確認されるようになっています。春には大陸に帰っていきますが、若鳥は五月ぐらいまで日本に留まることもあります。

コクマルガラス

大きさは三十三センチメートルぐらいで小型のカラスです。黒一色のタイプと、白と黒のツートンカラーのタイプの二種類がいます。ツートンカラーのものは、後頭部、首、胸、腹が白くなっています。鳴き声は「キョン」「キョー」「キャー」と甲高く鳴くようです。文字にすると女性の悲鳴のようなので、このカラスが棲息している地方の人々はさぞかし迷惑するだろうと、つい余計な心配をしてしまいます。

冬鳥として大陸から九州地方にやってきます。普通はミヤマガラスの群れに混じっていることが多いようです。最近は北海道でも見られるようです。

日本では見られませんが、このカラスの近縁にニシコクマルガラスというカラスがいて、ヨーロッパなどで見られます。「刷り込み」の発見者であり、動物行動学者として有名なコンラード・ローレンツは、このニシコクマルカラスとのやり取りについて、社会行動学的観察眼をもって著書『ソロモンの指環』で紹介しています。

刷り込み（すりこみ）：鳥類や哺乳類の生後ごく早い時期に起こる特殊な学習。カモなどの鳥で、孵化後一定の時間に人や動物、動く物体などを見せると、親と信じてかそれを追尾する行動をとる。

ワタリガラス

ワタリガラスは日本のハシブトガラスよりもさらに大きく、体重は千二百グラム以上もあり（ハシブトガラスは大きいものでも体重は約八百五十グラム）、日本に棲《す》むハシブトガラスの約一・五倍近い大型のカラスです。北極グマ、キツネ、コヨーテなど肉食獣のそばで生活をして、ハンターのしとめた獲物のおこぼれを頂戴しているため、食性は肉食に近いようです。

棲息地は広く、ヨーロッパ、北アメリカ、アジアとほとんどの領域に分布しますが、比較的緯度が高く寒い地域に棲んでいます。日本においては南《みなみ》千島《ちしま》では留鳥となっていますが、北海道にも最近は冬鳥として、特にエゾシカの狩猟の時期に渡ってきます。おそらく猟師が撃ち取っても未回

南千島（みなみちしま）：北海道の千島列島にある択捉島と国後島を示す。

収のシカがあり、その死肉を狙ってやってくるのではと考えられています。北海道ではエゾシカ猟が盛んになってきているのに伴い、ワタリガラスも増えているようです。ある報告によると、釧路地方では一九九五年から二〇〇一年の一月までの間に、九十四回ワタリガラスの姿が確認されています。

ワタリガラスは賢いカラスの仲間のうちでも特に賢い方で、昔から動物行動心理学の研究に使われています。ワタリガラスの研究者バーンド・ハインリッチに、「人間以外にこのカラスほど音声の種類を持った動物はいない」と表現されるように、鳴き声の種類はたいへん豊富なようです。

このように、「カラス」と言っても色々な「カラス」がいることがわかります。私のように関東に住んでいると見かけるカラスはハシブトガラスとハシボソガラス、時にミヤマガラスです。しかし九州地方では冬鳥として大陸からミヤマガラスやコクマルガラスが渡来してきます。カラスで困っている方には迷惑な話かもしれませんが、これらのカラスの全種が関東、いや日本全土に棲息していたら、それぞれの能力や習性の違いを比べるなど研究のテーマが増え、楽しくなるに違いありません（カラスは日本でこれだけ嫌われ者にされているので、決して居心地はよくないと思いますが）。

カラスの生活――日々の暮らしと年間スケジュール

カラスの一日

カラスの一日は日の出直前にはじまり、日没とともに終わります。カラスはとても働き者で、朝早くねぐらを出て、夕方、日が暮れる時分まで外でエサを探します。もちろんその間も水浴びなど身づくろいにも余念がありません。これは季節、地域やカラスの年齢などにより若干異なりますが、帰宅の時刻になると、みんなで申し合わせたかのように一緒に帰ります。私なんかは、ねぐらへの帰宅途中のカラスの大群が電線などに群がって留まっている光景を見て、満員電車に乗って帰宅する我々人間の生活を連想してしまいます。朝は時間差出勤のようで、前日の夕暮れに帰っていった方向から、時間もまちまちに、小集団か数羽ずつどこかへ飛んでいきます。このような集団での活動は秋から冬にかけての場合が多く、いわゆる「冬ねぐら」が形成されたときの基本スタイルです。

ハシボソガラスは広い芝の公園などあれば、歩きながらエサを探しては啄《ついば》んでいます。秋は田んぼの落穂《おちぼ》などを啄んでいるのでしょう。地方ですと、刈り終わった田んぼを多数のハシボソガラスがノコノコ歩きながら、何かを啄んでいます。雑食性なので、飛散米を啄んでいることもあれば、昆虫を啄んでいることもありますが、いずれにしろ、採食行動をとっています。これが一段落すると、木立や公園、ビルの屋上などで羽繕いをしたり、水遊びの後の羽を乾かしたり、思い思いに過ごしていま

ねぐらへ帰るカラスの集団

す。また、仲間と追いかけっこでもしているかのように、二羽のカラスがものすごいスピードで木々の間をすりぬけて飛んでいく姿を見ることもあります。

カラスには鳴き声によるコミュニケーションも見られます。例えば、遠くの方で「カァカァ」と鳴き声を交わしていたと思ったら、どちらからともなく飛んで、合流します。そして二羽ないしは三羽でどこかへ飛んでいき、飛んだ先で同じことを繰り返し、また違うカラスが飛んできては同じことをするのです。その間、環境にもよりますが、水浴びや砂浴び、用のなさそうな物を持ち去るイタズラをしたりします。

もちろん遊んでばかりではありません。カラスはいたるところに貯食しているので、ちゃんとエサが残っているかの点検も怠りません。いずれにしろ、基本は早朝にエサを食べに飛び立ち、食後は羽虫などを落とす水浴び、遊び、木立に止まり休憩を繰り返しているものと思

カラスの水浴び

います。一日の行動範囲は平均で五〜六キロメートルです。ただ、これまでの私の調べで、十キロメートル以上も移動するカラスも見ています。詳しくは第七章をご覧ください。

繁殖期と非繁殖期

さて、カラスの一年とはどのようなものでしょうか。ここでカラスの年間カレンダーをつくってみましょう。まず、カラスのシーズンを大きく分けると、巣づくりをし、子育てをするための「繁殖期」と、集団で行動する「非繁殖期」の二つに分けられます。

カラスは、秋から冬にかけた非繁殖期を共同マンションと化した大きな冬ねぐらで過ごしています。ここで連れ合いを見つけ、繁殖をするカラスはそれぞれの連れ合いとともにねぐらの外になわばりを持ち、巣をつくります。いわば、マイホーム（なわばり）とバックヤード（ねぐら）です。これは、ヒナを安全に育て、かつエサを確保するために必要なエリアの確保につながります。

実は、カラスを観察している多くの研究者、あるいはカラスの巣づくりで被害を被っている方などから、「カラスは毎年ほぼ同じ場所に巣をつくっているのではないか?」という意見を耳にします。私も五年ほど同じ木の同じ枝の分岐部に巣をつくるカラスを観察しています。ということは、冬ねぐらで生活している非繁殖期にはなわばりを一時放棄しているかに見えますが、実は地域のカラス同士で暗黙の線引きを決めているのかもしれません。このなわばりは三次元的、つまり制空権があるようです。カラスの巣を観察していると、その上を通過しようとするトビやほかのカラスが確認されると、それらが巣の真上に来る前に、警戒の鳴き声でなわばりの上空から追い払います。その行為は、オス、メスのスクランブルや共同のときにも見られます。

カラスの巣づくり

さて、性成熟を迎えた大人のカラス（生後二年以上）には、繁殖期を迎える三月になると、毎日の行動に巣づくりの作業が加わります。この時期

スクランブル：戦闘機が緊急時に対応して飛び立つこと。この場合、オス、メスが個別に時間差で飛び立つ。

共同（きょうどう）：オス、メス同時に飛び立ち侵入者に向かう様子。

は、巣をつくる場所に素材を運ぶのに毎日大忙しです。自然の素材が乏しい都市部では、ハンガーや動物の抜け毛やヒモなど、使えるものは何でも運んでいるようです。巣づくりはオスとメスが共同で作業します。この時期は孵化《ふか》後、ヒナを育てる時期であるとともに、カラスにとって最も忙しくなる季節です。当然ながら、毎日の行動もさきほど示したねぐらでの生活とは大きく異なります。

なわばりの形成後は巣づくりに励みます。巣づくりは三〜四月に行われます。場所によって建築様式が異なるようですが、本来の伝統的なつくりは、高さ十数メートルくらいのところで幹木から三〜四本の枝が出ているような場所を使うことが多いようです。巣は外壁部、内壁部、中央の産座《さんざ》というように、いくつかの部位に分かれます。巣の外壁は粗く小枝が組み込まれ、内壁部はやや細い枝を細やかに組み、さらにその内側を土壁でかためます。そして、中央部の卵が孵る産座は、動物から引っこ抜いた毛や、藁《わら》などの柔らかい素材でカバーします。なかには、モダン住宅、あるいは耐震工法なのか、外側の骨組みを針金ハンガーでつくるカラスもいます。

巣の大きさは、外壁が六十～八十センチメートルほどですが、産座の部位は径二十～三十センチメートルほどです。ハシブトガラスとハシボソガラスの巣を比べると、外壁はハシブトガラスのものが大きい傾向があるものの、産座は両種とも大差がないと言われています。

ハシボソガラスは落葉樹や電柱など、ひらけた場所に巣をつくる場合が多いのですが、ハシブトガラスはスギ、ヒマラヤスギなど巣が隠れるような常緑樹を好みます。ある報告によると、ハシブトガラスが巣をつくった場所の環境は、落葉樹三パーセント、人工物五パーセント、常緑樹九十二パーセントでした。一方、ハシボソガラスのそれは落葉樹二十五パーセント、人工物二十三パーセント、常緑樹五十二パーセントとなっています。やはりカラスの種によって、好む営巣環境は異なるようです。私たちが大学の周辺で調べた十一個の巣では、ヒマラヤスギが五個、アカマツが三個、カツラ、サクラ、ビル屋上の人工物の裏がそれぞれ一個で、そのほとんどにハシブトガラスが出入りしていました。一方、郊外にある河川敷の五個のニセアカシア（落葉高木樹）につくられた巣は、ハシボソガラスのものでした。巣の高さは九～二十メートルと幅がありましたが、平均すると十六メートルでした。

カラスの子育て

マイホームができると、いよいよ子育ての時期に入ります。子育ては卵を暖める時期（四～五月）、ヒナを育てる時期（五～六月）、幼鳥の巣立ちの時期（六～七月）、教育の時期（七～九月）に分けられます。ヒナを一人前にするには、それなりの時間がかかるのです。

カラスの卵はハシブトガラスで重さ二十三グラム、ハシボソガラスで二十グラムです。ウズラの卵の約二倍の大きさで、卵の色はくすんだ緑褐色をベースに黒い斑点がついている迷彩色になっています。通常、カラスは二～五個しか卵を産みません。卵を産んで暖める時期（産卵《さんらん》・抱卵《ほうらん》）は約二十日間で、多くのほかの鳥と同じです。抱卵をするのはメスで、その間、オスはせっせとメスのためにエサを運びます。ヒナが誕生（孵化《ふか》）してから巣立ちまでは、おおよそ一ヶ月半ほどかかります。

卵は産んだ順にどんどん暖めていきます（順次抱卵）。一日一個産むと

抱卵（ほうらん）：鳥類が卵を孵化させるために温めること。

考えれば、最初のヒナと最後のヒナでは五日ほど成長にずれがでてきます。すべて孵化したら、年長で食の太いヒナ、年少で食の細いヒナといるので、親鳥は上手にエサの配分をしなければいけません。ちなみに、カモ、キジなどは一斉抱卵と言って一斉に孵化します。この場合は、一気に多くのヒナを世話するので、これまたたいへんです。計画出産と年子みたいな感覚で考えるとわかりやすいと思います。

産まれたヒナには、オスとメスの両方がエサを運び、与えます。ヒナを育てる間は、一方が巣の見張りをし、もう一方がエサを探しに行くという分担がなされているようです。カラスは全身真っ黒な鳥ですが、孵化したばかりのヒナの身体はピンク色で、ほかの鳥のヒナと変わりません。いわゆる「赤子」です。しかし数日すると肌が次第に黒ずんでくるとともに、羽の生えるところとそうでないところが明瞭になります。

繁殖期にみられるカラスの親子。見張りはオスとメスが交代で行う

ヒナは親鳥の世話によってどんどん成長していきます。親がエサを運んで巣の縁《ふち》に止まると、ヒナたちは大きな口を開けてねだります。どうやって順番を考えているのかはわかりませんが、親鳥はいずれか一羽のヒナにエサをやり、再び飛び去っていきます。巣に親鳥がいない場合もありますが、巣が見える範囲の建物の屋上か木立の上からちゃんと目を光らせています。この時期、カラスは最も警戒心が強くなっているため、巣のそばを通る人間にも攻撃を仕掛けてきますので、注意が必要です。

ところで、育雛中《いくすうちゅう》の巣の衛生管理には感心させられます。なんとヒナは巣のなかに排泄しないのです。ヒナが腰を上げて排泄しそうになると、親鳥が総排泄孔《そうはいせつこう》から落ちる寸前の便を啄み、どこかに持ち去ります。ヒナもけなげで、親がいないとお尻を巣の縁に近づけ勢いをつけて脱糞するので、糞は巣の

カラスの子育て。親鳥の世話によりヒナはどんどん成長する。写真はヒナの総排泄孔から落ちる寸前の便を啄むために親鳥がクチバシを近付けた瞬間

外に落下します。こうして巣の清潔度が守られているのです。私が、親鳥がヒナのお尻から出てきた糞を素早くくわえて飛び去った瞬間を見たときは、しばらく感動が覚めませんでした。

カラスの巣立ち

はっきり言って、カラスは巣立ちが下手です。ヒナが育ち、やっと巣立ちを迎えるころになっても、巣から出て一週間くらいは巣の周辺を少し飛ぶか、木の枝を危なげに歩く程度です。誤って木立から落ちてしまうカラスもいます。また、巣から少し離れた場所まで親と飛んできたのはいいのですが、途中で地面に降りて、再び高く舞い上がれないヒナもいます。私のところにも毎年のように「ヒナを保護したがどうしたら良いでしょう」とか「庭に迷い込んできたがどうしたら良いでしょう」という相談があります。野鳥のヒナは本来、自然の流れに任せる（人間の手を加えずにそっとしておく）のが良いのですが、どうしても見ていられず保護する方がいます。第八章で詳しく解説しますが「鳥獣の保護及び管理並びに狩猟の適正化に関する法律」という法律があり、カラスといえども狩猟期間以外は無断で捕まえてはいけないのです。とはいえ善意で保護された野鳥に何もしないわけにはいかないので、私のところでは学術捕獲という位置付けで大学で預かることにしています。

狩猟期間：北海道では十月一日から翌年一月三十一日、本州以南では十一月十五日から翌年二月十五日。

ところで、どれくらいのヒナが巣立てるのでしょうか。ある報告によると、繁殖に成功した番はハシボソガラスで七十六パーセント、ハシブトガラスで八十七パーセントで、そのうち、それぞれ巣立ちに成功した雛は二・四羽、二・六羽でした。少なくとも親の数以上は巣立っていることになります。巣立ち時の危うさとは別に、立派に育っていることがわかります。

重要な初期教育

保護され大学で預かることになったカラスのヒナは、親の教育を受けることなく私の研究室に飛び入学し、私の研究を手伝うことになりました。当時、まだ幼いカラスを英才教育したらどんなに実験がはかどることか、どんなエリートガラスになるのかと大いに期待しました。しかし、すぐにその考えは浅はかであったと思い知らされました。人間もそうですが、カラスも初期段階の教育がとても大切だったのです。結果的に、幼児期から飼ったカラスは、実験にはあまり役に立ちませんでした。実験用に細工されたエサ箱に向かっていく行動力がなく、好奇心も何もない「フヌケ」に育ってしまったのです。手を掛けすぎると自律心がまったく育たないのです。人間も含め知能の高い動物ほど、そうなるのではないでしょうか。

一方、自然界のカラスは巣立ち後の教育期間でエサの取り方、危険の回避法などを親から教わるなかではじめて、好奇心とそれを満たす勇敢な行動が取れるようになるようです。つまり、ヒナが巣立ってからしばらくの間は教育期間で、両親鳥と飛び舞い、多くの経験のなかで自然界での生き方を教わるのです。この間、見かけは立派な成人カラスでも、親からエサを食べさせてもらっています。人間に例えると、見た目は大人だけれども、まだ親のすねをかじって生活をしているという意味で、社会に出る前の大学生のようなものかもしれません。

電線、木立、屋根の上などにいる一見立派なカラスが、羽を軽くヒラヒラさせ、甘えるような鳴き方をして親の世話を待っているのを目にしますが、これは独立前のカラスなのでしょう。幼鳥が親から独立するのは、巣立ち後約九十日という報告があります。営巣からはじまって子育てが一段落するのにおおむね六ヶ月ほどかかります（実に一年間の半分）。カラスはこの生涯を繰りかえすのでしょう。もっとも、六十五歳で定年を迎える人間に例えれば、子供が二十二歳で独立したとすると、やはり働きだしてからの人生の半分は子育てに費やしています。期せずして、人間と子育てにかける割合が一致し、なんともカラスに親しみを感じます。

子育て終了後

カラスの子育ては夏を過ぎるころに終了します。子育てが終了したカラスは、秋から次の繁殖期まで群れをなし、共同のねぐらを持って、再び集団で行動をするようになります。春に生まれ育ったヒナも若鳥となります。若鳥の口角は六月後半から七月はじめくらいまではやや黄色を呈していますが、次第に色が消えて真っ黒になります。夏から秋ごろには、口のなかが赤から薄いピンク色か、やや白みがかった黒になります。成鳥になるとやや黒みを帯びてきます。このように、実は口のなかの色でカラスの年齢をある程度判断することができます。

カラスの食事——地域や季節による食性の変化

年間を通しての食生活

カラスは肉食系でも草食系でもありません。何でも食べます。とはいえ、キャベツも肉も同じ程度に好きというわけではありません。また、ハシブトガラスとハシボソガラスで食の傾向は変わってきます。ハシブトガラスは小鳥のヒナや卵、カエル、動物の死肉など、動物の肉が好きなようです。また、酪農地帯では家畜の飼料に含まれるトウモロコシなどを選択的に啄《ついば》みます。このほか、ブドウ、サクランボ、スイカなどの農作物をはじめ、生ゴミ、魚肉にいたるまで、本当に好き嫌いがないようです。都市部の生ゴミを荒らすカラスは、みなさんと同じようなものを常日頃食べていると考えていただいて結構です。ここからは、田舎に生息するハシボソガラスとハシブトガラスを中心に、季節の旬を味わうカラスの食性についてお話しします。

四～五月はヒナを育てる時期なので、親鳥は食欲旺盛なヒナのエサと自分のエサの両方を探さなければなりません。幸い、四～五月は農作物の多くが芽、そして実をつける時期です。撒《ま》かれたばかりのイネの種子なども食べますので、植えたばかりの早苗を引き抜かれ、頭を悩ませている農家さんも多いのではないでしょうか。また、田んぼに棲息する水棲昆虫の幼虫も食べているようで、この時期のハシボソガラスの胃内容物を調べると、水棲昆虫の幼虫を目いっぱい詰め込んでいます。ハシブトガラスは活発に動きだしたカエルやミミズ、スズメやツバメの野鳥の卵やヒナなども好んで食べるようです。ハシブトガラスの胃内容物を見ると、未消化のカエルの足、小鳥の羽などを確認できました。いずれにしろ、こ

雨上がりに虫探しをするカラスの群れ

の時期はどの種のカラスにとっても豊富な蛋白資源がいっぱいあります。

六～八月になると昆虫の種類も多くなり、新たな食材としてカラスの胃を満たしてくれます。この時期は、ミズキなどの木の実もよく食べています。対策を講じていなければ、畑のスイカなども好んで食べにきます。スイカの食害はハシブトガラスによるものが多いようです。

地域によって時期は若干異なりますが、八～十月になると果実の収穫の時期がやってきて、果物の種類も多くなります。ブドウ、ナシ、柿、リンゴなど、ほとんどの果物はカラスにとっても美味しい食べ物です。また、地方に行くとよくイナゴの佃煮が売られていますが、カラスも九～十月にはコバネイナゴをよく食べています。

関東では十～十一月ごろに落花生の収穫がはじまります。落花生は、土から出して乾燥させなければなりません。カラスは落花生も大好きで、この時期になると落花生畑に集まってきます。農家の方は防鳥ネットやテグスなど、あらゆる手段を講じてカラスと戦いま

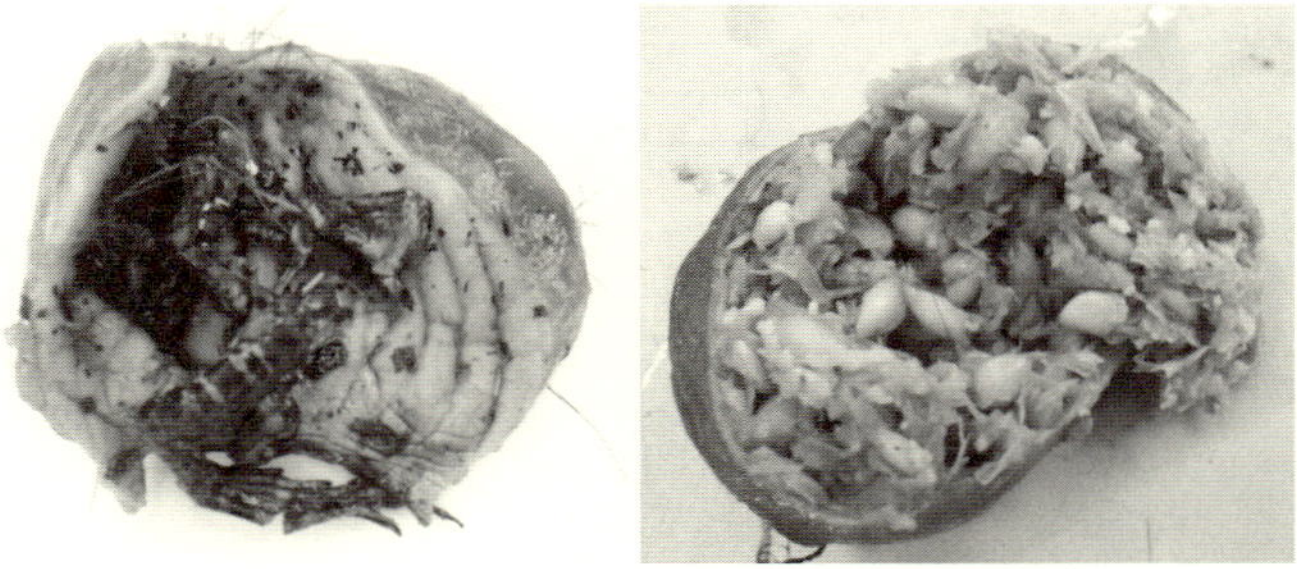

ハシブトガラスの胃。左は水棲小動物の足、右は乳熟期の麦が確認できた

す。しかしカラスもしたたかで、ネットは落花生から数センチメートル浮かして張るのですが、カラスはそれを数羽でトランポリンのごとく押し込み、落花生にクチバシが届くようにして啄みます。私が見たこの光景はハシブトガラスでした。なお、ハシボソガラスは積雪のないような地域では飛散米《ひさんまい》やヒコバエを食べています。最近はコンバインで刈り取り、その場で脱穀《だっこく》をするので、田んぼに稲穂や脱穀した稲もみが落ちたままになります。昔は人間が落穂《おちぼ》を拾っていましたが、今ではカラスの安定した食料になっているようです。

十二〜翌三月にかけての冬から早春の間は、食糧が乏しくカラスにとっては受難の季節です。この時期に、一歳未満の若鳥の多くが飢餓《きが》により死んでしまいます。各家庭から出される生ゴミは、この時期のカラスにとって重要な栄養源です。

飛散米（ひさんまい）：刈り取った株から芽を出した実になった未成長の稲穂。

脱穀（だっこく）：収穫したイネや大豆などの穀類を茎から外すこと。イネの場合は稲扱き（いねこき）という。

稲もみ（いなもみ）：穂から離したばかりのイネの果実で、もみ殻に包まれたもの。

地域によるカラスの食性

カラスの食料は場所によっても当然変わります。海辺だと打ち上げられた魚、漁港で水揚げ時に網からこぼれた魚も格好のエサとなります。貝なども好んで食べるようです。私の住んでいる栃木県には鬼怒川《きぬがわ》という大きな川がありますが、大雨があると川が増水して、その水が引いた後には河原に川魚の死骸《しがい》が大量にあがり、これを目当てにカラスがたくさんやってきます。カラスはほかにも油っぽいものを好みます。たとえばフライ、豆、魚肉などを用意すると、まずフライを啄みます。私の研究室では、カラスの研究以外にも山羊の神経や馬の目なども研究をしています。動物の解剖をすることが多いのですが、解剖した後に脂ののった肉片などをカラスにあげると、せっかくのごちそうが取られないようにか、大急ぎで持ち去ります。

季節に左右されないメニュー

私たち人間は、秋にはサンマ、春先にはタラの芽の天ぷらなど、旬の食材を楽しみます。一方で、ピザやパスタ、ハンバーガーなど年中楽しめる食材もあります。若干繰り返しになりますが、カラスにとっての季節の好物は前述の通り、ハシブトガラスなら春は野鳥の卵やヒナ、柔らかい肉質のカエルの子などかもしれません。ところが我々にとってのハンバーガーのように、季節に左右されない食もたくさんあります。場所にもよりますが、大きな養鶏場の近くのハシブトガラスは、鶏卵をよく盗食しています。家畜のエサに含まれるトウモロコシもそうです。動物園の近くにいるカラスは、動物に与えられたエサも好んで盗食します。最近は管理が厳しくなり、東京都では少なくなりましたが、地方ではゴミ集積所での生活生ゴミも、その気になれば年中手に入れられる食べ物です。雪のない地方では、田んぼの飛散米なども長い期間にわたってエサとなります。もちろん、最盛期はコンバインで刈り取った直後ですが、エサの少ない時期はハシボソガラスが丹念に飛散米を探し啄んでいる姿を見かけます。まさに粒粒辛苦《りゅうりゅうしんく》の精神をわかっているかのようです。

粒々辛苦（りゅうりゅうしんく）：穀物の一粒一粒は、農家の辛苦の結晶であるということ。転じて、物事を成し遂げるために苦労を重ね、努力を積むことを示す。

カラスの寿命――カラスは不死鳥？

カラスは何歳まで生きるのでしょうか。専門書を開いて調べてみると、ある本では五～六歳、ある本では二十歳などと、およそどれを信じて良いのかわからなくなるくらい幅があります。しかし、どれを見ても、これといった科学的根拠は示されていません。

カラスが長生きだと漠然と考える人が多いのは、カラスの死骸を目にすることが非常に少ないからではないでしょうか。私は宇都宮の郊外に住んでいますので、いわゆる田舎のカラス（ハシボソガラス）は毎日目にしますし、近くの工業団地にある送電線の鉄塔には、数百羽の群れがとまっています。私はほぼ毎日、早朝散歩を十年続けていますが、これまで見たカラスの死骸は、田んぼの畦道《あぜみち》で目撃した二羽のみです。カラスを研究材料にしている私でさえ、カラスの死骸を見た経験が数えるほどしかないのです。

カラスは、我々人間にその死に様を見せず、逆に人間が死ぬと寄ってくるので、不死鳥のような存在になっているのでしょう。では、カラスは死なないのでしょうか？　そんなことはありえません。おそらく、ねぐらである大きな林のなかには死骸はあるのでしょうが、人間は普段足を踏み入れない場所なので、人目につかないことが多いのでしょう。

ほかにも、カラスの死骸を見かけない理由として考えられるのは、死んだカラスの死骸を仲間が食べてしまうことがあることです。一般に鳥類は、死んだ仲間を食べることや共喰《ともぐ》いなどはしないとされています。しかしカラスは共喰いをします。数羽のカラスを同じ檻《おり》に入れたとき、ある一羽がほかのカラスとケンカをし、負けて死んでしまったことがありました。そのとき、何とも残酷なことに、敗者である死んだカラスを、勝ち残ったカラスとその周りにいたカラスが残さず食べてしまったのです。死肉をも食すカラスの本能から出た行動なのでしょう。

考察～カラスは何歳まで生きるのか

それでは肝心の寿命は、どれほどのものなのでしょうか。カラスの寿命を証明する科学的なアプローチには、二通りあります。

一つ目は生物の最長寿命は性成熟に達する年限の五〜六倍という考え方です。これは、哺乳類において飼育経験などから一般的に受け入れられている考え方です。例えば人間の女性の場合、生理が安定してくるのが十四〜十五歳だとすると、寿命は大きく見積もっても九十歳です。カラスは二年目の繁殖期で性成熟を迎えますので、哺乳類の考え方ではありますが、それを五〜六倍すると、カラスの寿命は十〜十二歳ということになります。

二つ目は心拍数から算出する方法です。どの動物でも、一生の心拍数はおよそ十五億回と決まっているようです。寿命を心周期で割ると十五億という数値が求められます。カラスの心拍数ははっきりわかっていませんが、カモやハトなど一般的に鳥の心拍数は一分あたり百五十〜二百五十回です。仮にカラスの心拍を一分あたり二百回とすると、十五億÷（二百回×六十分×二十四時間×三百六十五日）で十四年と、カラスの寿命は十四年と計算できます。この結果は概数ではありますが、性成熟から求めたものと比較的近似した値です。実際、私は八歳のハシブトガラスを人から譲り受け四年飼育したことがあります。このカラスは十二歳で死んだので、少なくともカラスの寿命は十二年ほどあると言えます。

どちらの方法を用いるにしても、計算どおりにはいきません。世界保健機構が発表した二〇一六年の日本人の平均寿命は男性が八十・五歳、女性が八十六・八歳ですが、現役医師として百五歳まで活躍された聖路加国際病院名誉院長の日野原重明先生や、かつて姉妹長寿で名を馳せたきんさんぎんさんのように姉妹そろって百歳以上も生きる方もいれば、不慮の事故や病気で短命な方も多くいます。今から五十年前は、日本でも地域によって乳児死亡率ゼロを目標にしていた自治体もあったくらいです。ましてや、野性のカラスの寿命など、戸籍謄本もないカラスでは正確に把握するすべもありません。また、カラスが乳児死亡率というか孵化時死亡率、巣立ちできなかった割合など統計をとっていることもありません。ただ、孵化後巣立ちに至らなかったヒナや、巣立ち後もうまく育たない若鳥もいますので、平均寿命は計算上の寿命よりだいぶ短いのではないでしょうか。

きんさんぎんさん：一九九〇年代に長寿で話題となった双子姉妹、成田きんさん（一八九二年八月一日～二〇〇〇年一月二十三日）と蟹江ぎんさん（一八九二年八月一日～二〇〇一年二月二十八日）の愛称。健康で愛想もよく、理想的な長寿として多くのマスコミに登場した。

カラス豆知識 2

一斉抱卵と順次抱卵

親鳥が卵を抱いて暖め孵化《ふか》させる方法には、一斉抱卵と順次抱卵の二通りあります。それぞれどんな利点と欠点があるのでしょうか。

一斉抱卵とは、卵をすべて産み終わるまで、先に産んだ卵を暖めはじめず、すべての卵がそろってから一斉に暖める方法です。例えばカモの場合、一日一個のペースで卵を五個産むとしたら、五日目から暖めはじめます。この方法だと、親鳥からしてみればエサさえ豊富にあれば一度に子育てが済むため、ある意味では合理的です。しかし、特定の強い子がいて、ほかの子にエサが回らないこともありえます。親も一度に大勢の子にエサをあげなければなりませんので、エサを運ぶ回数も多く、とても忙しい子育てとなります。また、天敵や災害などでヒナが全滅してしまう可能性もあります。この抱卵のタイプは、スズメ、カモ、チドリなどで見られます。

一方、順次抱卵では、産んだ先から卵を暖めはじめます。おのずと先に産み落とされた卵と後とからのそれとでは孵化する時期が異なります。カラスの抱卵はこのタイプです。

さて、なぜカラスはこのような習性をもっているのでしょうか。もし、遅く孵化したヒナが死んでしまったら、先に孵化したヒナのエサが増え、ヒナは確実に逞《たくま》しく成育します。厳しい自然界でエサが豊富でなくも、はじめに産まれた一～二個のヒナだけでも、確実に生き延びさせるという戦略を採っているのでしょう。一方で、後の方で産み落とされた卵は、孵化しないかヒナになっても育たない場合も多いと言えます。その反面、最後のヒナが育つころには、先に孵化した兄貴分がすでに巣立っているため、兄弟の分までエサを与えられ、十分に遅れを取り戻すことができます。

カラスは二～五個の卵を産み、孵ったヒナの約五十七パーセントが巣立つと言われています。東京などでカラスがどんどん増えているのは、エサが豊富で巣をつくる環境にも適しているため、本来巣立ちできずに死んでしまうヒナも、立派なカラスとして育つことができるからではないでしょうか。いずれにしろカラスの順次抱卵は、確実に子孫を残す合理性から生じていると言えるでしょう。

第三章

カラスのからだ

第二章では、カラスを語るうえで欠かせない基礎知識についてお話をしました。本章からは、カラスを題材に行ってきた私の研究内容をご紹介します。まずは手はじめに、本章ではカラスの骨格や羽、クチバシ、消化器や生殖器などの内臓について、私が専門とする解剖学を中心にお話をしていきましょう。

カラスの骨格――骨にみるカラスの個性

鳥の骨は軽い

鳥は基本的に空を飛ぶことを中心に行動しているので、当然、体のつくりには飛ぶための仕掛けがいくつもあります。すぐに頭に浮かんでくるのが翼とそれを動かす筋肉ですが、これに関しては第七章で詳しく解説しますので、まずは体の軸になる骨格の話をしましょう。骨格については、私の見た限りハシブトガラスもハシボソガラスも変わりがないので、この二種をまとめて「カラス」と呼ぶことにします。

まず一般論として、カラスに限らず鳥の骨は軽くなるようにできています。例えば、人間では骨の重量が体重の十八パーセントほどを占め、体重が七十キログラムの人であれば骨の重量は約十二・六キログラムになります。しかし、鳥ではわずか五パーセントほどです。ハシボソガラスの骨が約三十二グラムだとすれば、その持ち主の体重は約六百五十グラムとなります。なぜこんなに軽いかというと、鳥の骨は哺乳類の骨のように中身がぎっしり詰まっているのでなく、空洞が多くスカスカなのです。こういうと強度が心配になりますが、そのスカスカの空洞に多数の細い骨の柱が行き交って補強しています。このように、内部に細い支柱と隙間をたくさん持つことで、軽さと飛翔に耐えうる強さを兼ね備えているのです。

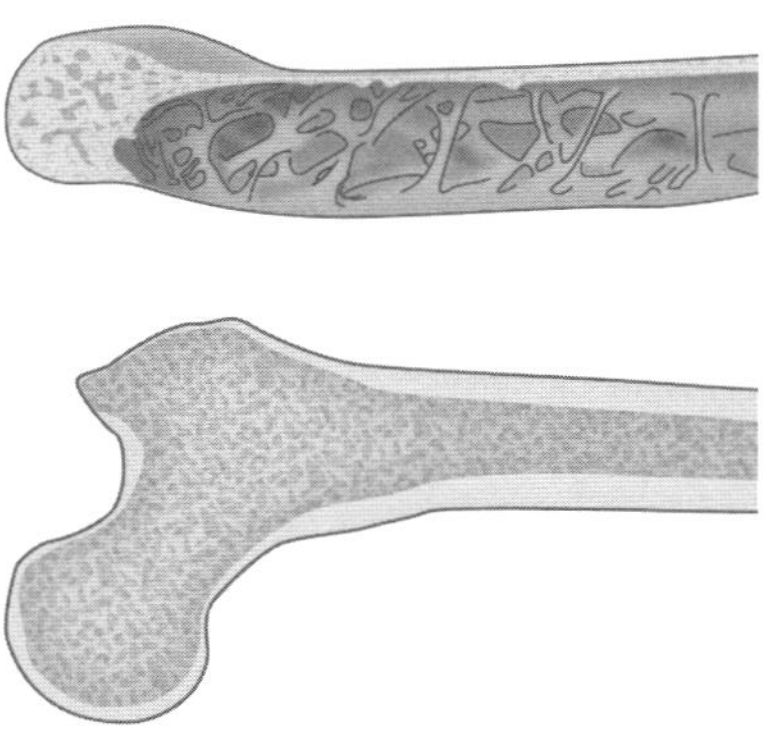

鳥の骨（上）と哺乳類の骨（下）。鳥の骨は空洞が多く、内部の無数の柱で補強している

カラスの頭の骨

人間の全身の骨格はおよそ二百五個の骨からなっていて、このうち頭の骨は二十三個です。これに対して、カラスの成鳥の頭は二十数個の骨が結合して一個の骨を形成しています。カラスの頭の骨をじっくり見ると、骨と骨が結合した境界がわずかに確認でき、それぞれの骨を部位として骨結合する前の名前で呼ぶことができます。

頭の骨は脳を収納し守る脳頭蓋《のうとうがい》（前頭骨《ぜんとうこつ》、頭頂骨《とうちょうこつ》、側頭骨《そくとうこつ》など）と、顔つきをつくる顔面頭蓋《がんめんとうがい》（鼻骨《びこつ》、上顎骨《じょうがくこつ》など）に分けられます。カラスの脳頭蓋は丸く膨《ふく》らみを持ってなお骨が薄く、脳容積を可能な限り大きくした結果を想像させます。ニワトリの脳頭蓋はカラスよりも小さく、さらに骨に厚みがあるため内腔が狭くなっていますが、ニワトリはカラスよりも脳が小さいので、これでも問題ありません。

脳頭蓋と顔面頭蓋の境界付近にクチバシの付け根がありますが、この移行部はハシブトガラスの方がハシボソガラスに比べ落差があるように見えます。このため、ハシボソガラスの額部分がなで肩のよう

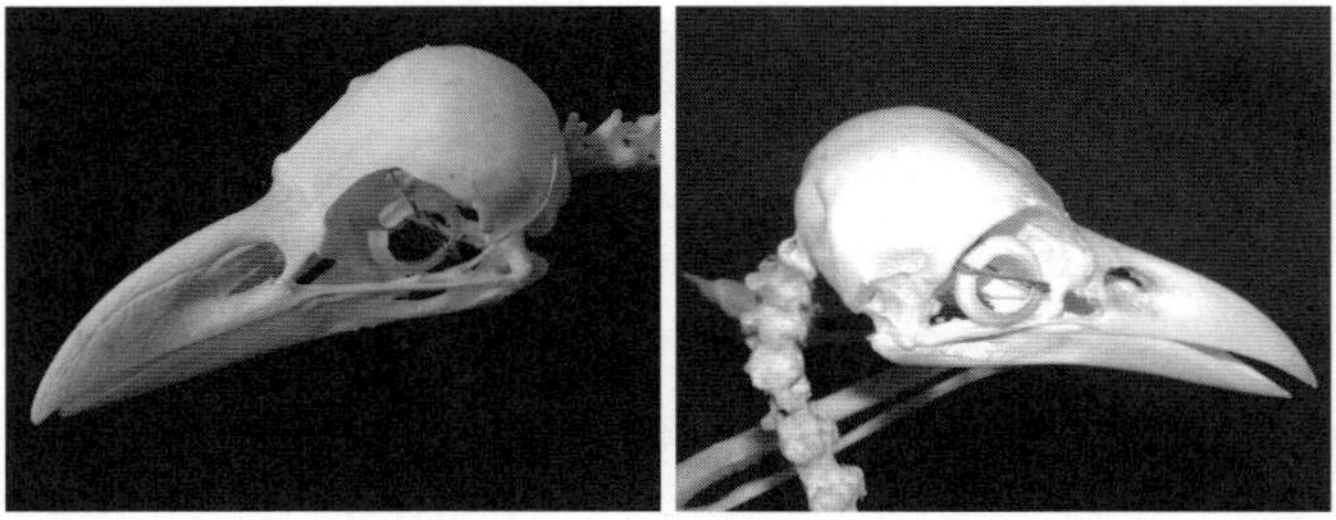

ハシブトガラス（左）とハシボソガラス（右）の頭蓋。目のあたりにある円状の骨が強膜骨

に見えるのに対して、ハシブトガラスのそれはおでこ型に見えるのです。

　クチバシをつくっているのは切歯骨《せっしこつ》（前歯の骨）で、上顎の骨はこの切歯骨に覆《おお》われています。頭の方に向かっていくと鼻の骨などがありますが、前頭骨という頭の骨と融合しているため、単独では見分けがつきません。下クチバシは、哺乳類の下顎の骨にあたる歯骨によって形成されています。ハシブトガラスはニワトリの卵をくわえたり、カエルや小鳥などを丸呑みできるくらい口を大きく開くことができます。このように人間では考えられないくらい大口を開けることができるのは、上顎と下顎をつなぐ関節に秘密があります。多くの哺乳類では、上顎と下顎は直接関節していますが、鳥類や爬虫類などの顎には方形骨《ほうけいこつ》という骨が上顎と下顎の間に組み込まれており、この方形骨が顎の可動域《かどういき》を広げているのです。

　さらに、鳥類の頭部の骨で特徴的なものとして、強膜骨《きょうまくこつ》という骨があります。これは眼球の強膜が骨化してリング状の付加骨《ふかこつ》になったものです。眼球の一部ですから、頭の骨とは関節していません。骨格標本では、眼球のある付近にリング状になっていて、針金か何かで止められている場合が多いです。この骨は、鳥の目のレンズの厚みや角膜《かくまく》の屈曲を変える筋肉が

付加骨（ふかこつ）：結合組織のなかに骨芽細胞によって直接に骨の基質がつくりだされるもので、こうした骨を膜骨（膜性骨）、付加骨などという。本書の場合は、強膜が骨化して強膜骨になるから、まさに付加骨という区分になる。

付着するためのつくりです。鳥は空高くから地表の獲物を見つけ、急降下で地表に降りて捕まえます。つまり鳥の眼のレンズには、望遠鏡から瞬時に接写レンズに切り替えるような動きが求められ、そのために筋肉も発達しています。強膜骨は、筋肉の支点となる骨です。カラスもほかの鳥と同様に目が非常によく、飛んでいる高さの視点、地上に降りたときの視点などに合わせて、速やかにレンズを調節しています（第五章参照）。

飛翔の際に体の軸となる脊柱《せきちゅう》

カラスは脊椎動物ですから、当然私たちと同じく脊柱《せきちゅう》があります。人間の脊柱《せきちゅう》は頸椎《けいつい》七個、胸椎《きょうつい》十二個、腰椎《ようつい》五個、仙椎《せんつい》五個、尾椎《びつい》三〜四個の椎《つい》骨《こつ》でつくられていますが、カラスはどうなのでしょうか。まず頸椎は十三個、胸椎は七個です。腰椎は十二個ありますが融合《ゆうごう》して一つになっています。尾椎のうち仙骨に近い側の数個は仙骨と癒合して一つの骨になっています。また、第七胸椎から前位数個の尾椎までは「複合仙骨」として融合されています。そしてさらにこれを覆うように左右の寛骨《かんこつ》が付着して、堅《けん》牢不動《ろうふどう》の腰部骨格である腰仙骨《ようせんこつ》を形成します。腰仙骨は、例えるとコルセットをはめたかのように胸の骨、腰の骨、骨盤を一体化させて、胸から腰までの不動の一本軸を形成しています。

カラスに限らず鳥類では、軸になる脊柱《せきちゅう》の多くは融合して非動化されていますが、これは体軸を固定することで飛翔の際に体をまっすぐに保つためのエネルギーを抑え、空中でうまくバランスをとることに役立っていると考えられます。しかしながら、これにより不都合な側面も出てきます。例えば、後方を見ようにも胸から腰までの骨ががっちり固定されているため、からだを捻《ねじ》ることができません。犬や猫はからだを捻ることで視野を広げることができますが、鳥はそうはいかないのです。ではどうしているかというと、カラスはもともと視野の広い目を持っていますが、頚《くび》の骨がさらにそれを強化しています。鳥は頚をよく回すというか、よく捻ることができます。その仕組みは頚椎の数にあり、カラスの頚椎は十三個と哺乳類の七個より大分多いのです。これらの骨は融合せずに一個一個が独立し

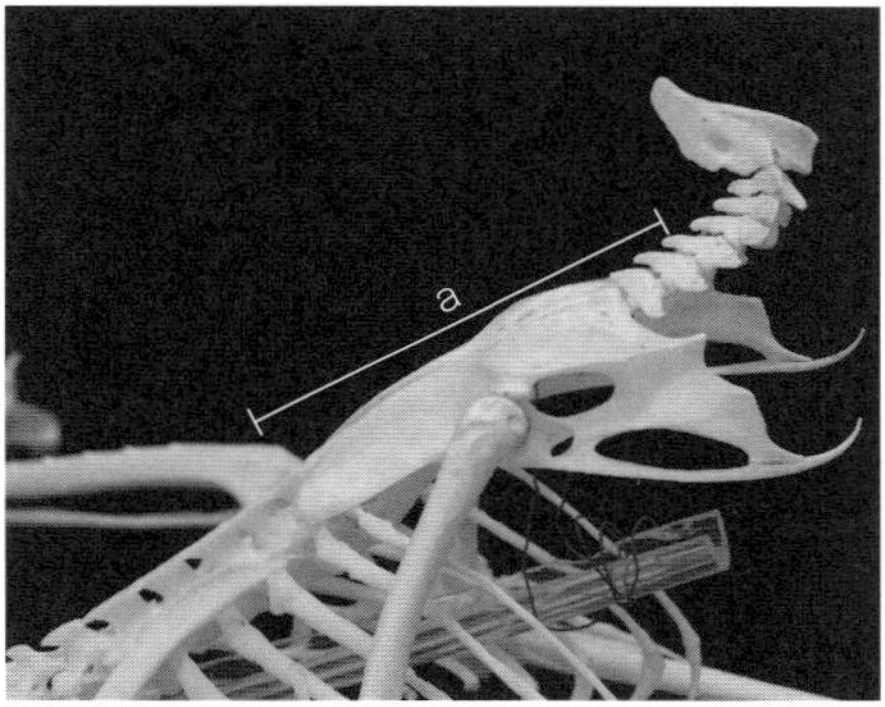

複合仙骨（a）。コルセットのように胸から腰を固定

ているので、かなり自由に動くことができます。カラスではこの頸の柔軟性により、三百六十度の視界を確保しているのです。ちなみに、カラスよりも頸の長いタンチョウ（鶴）などは、二十五個の頸椎をもっています。

羽ばたきにかかわる骨

鳥が飛ぶためには、翼を動かす強い筋肉が必要です。筋肉は骨に付着してはじめて運動を起こすことができます。その飛ぶための筋肉を多く付着させるための仕組みが、胸骨の中央部にあり、ナイフのエッジのように突出して、その側面を大きくしている竜骨突起《りゅうこつとっき》なのです。いわゆる「鳩胸」と言われる胸部のでっぱりは、この胸骨の突出によるものです。栄養状態が悪いと、この胸骨に付着する筋肉が痩《や》せてしまい、触診で容易に骨に触れることができるため、カラスの栄養状態を調べるときのチェックポイントにも使われます。

さて、飛ぶためには翼を大きく羽ばたかせなければいけません。それを可能にしているのが烏口骨《うこうこつ》や癒合鎖骨《ゆごうさこつ》です。この二つの特殊な骨と肩甲骨《けんこうこつ》が、翼の動きを担う上腕骨《じょうわんこつ》の関節の可動域を大きくしているのです。ちなみに、家畜の多くは烏口骨も鎖骨もないため、上腕骨の動きは二次元的（前後）なものに限られています。人間は鎖骨があるため、家畜よりは上腕の可動範囲が広く、抱擁《ほうよう》などの三次元的な動きができるのです。

羽ばたきと言えば翼です。翼に関わる骨は、上腕骨、前腕骨《ぜんわんこつ》（橈骨《とうこつ》と尺骨《しゃっこつ》）、手根骨《しゅこんこつ》、中手骨《ちゅうしゅこつ》（手の掌）、指骨《しこつ》です。これらの骨は、人間の骨と同じような呼び方をしています。人間と比べれば数が少ない骨もありますが、カラスにも一通り揃《そろ》っているのです。羽ばたきの根本になるのが上腕骨です。この骨は肩甲骨、烏口骨と関節をつくり、体幹《たいかん》につなげています。羽を上げたり下げたりする胸筋は、この骨と胸骨に付着しています。

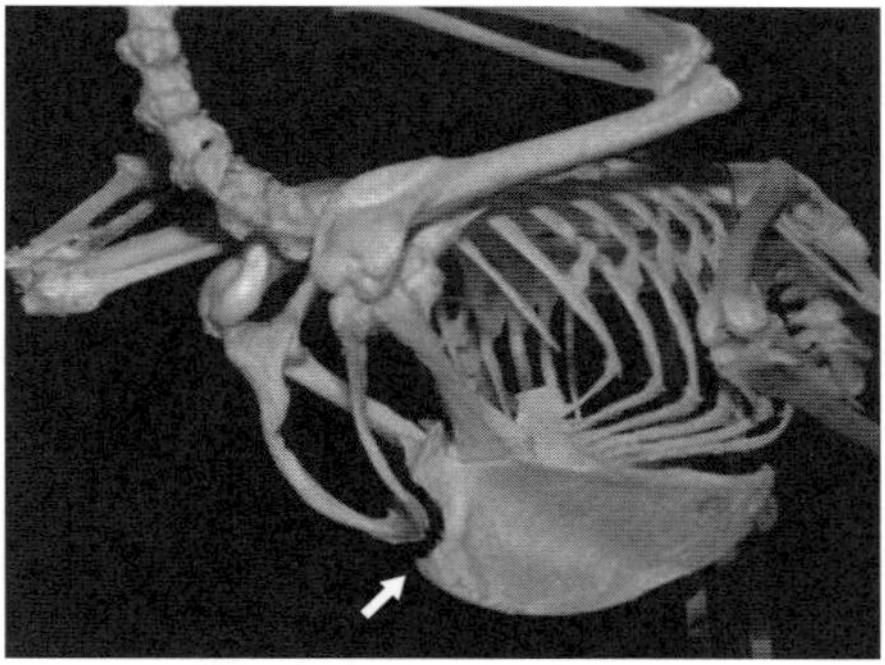

竜骨突起（矢印）。この大きな骨に飛ぶために必要な筋肉が付着する

体幹（たいかん）：からだの中軸部で、これをさらに頭部、頸部、胸部、腹部、尾部に分ける。いわゆる胴体を示す。

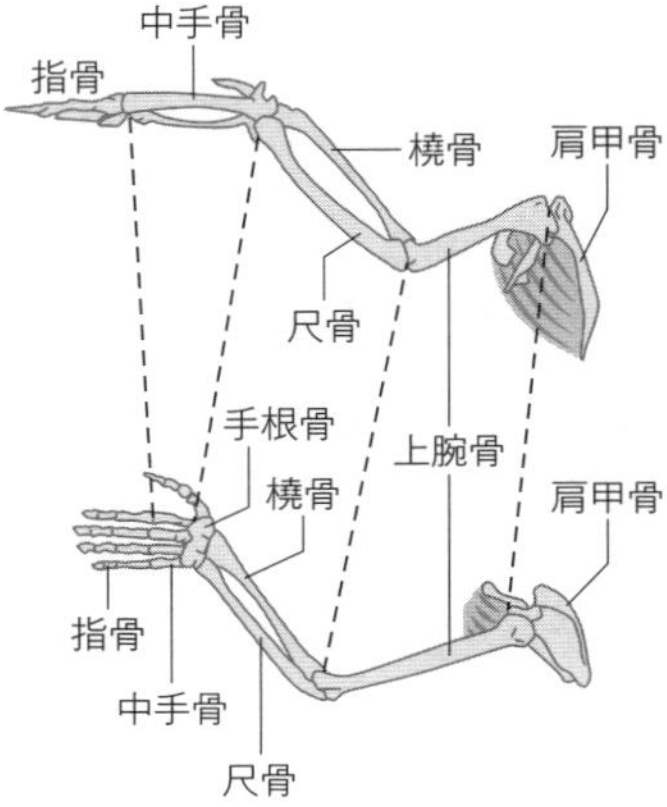

カラス（上）と人（下）の腕の骨格

さて翼ですが、飛ぶために初列風切羽《しょれつかざきりばね》、次列風切羽《じれつかざきりばね》があります（後述）。次列風切羽は尺骨に、初列風切羽は中手骨から指骨にわたってついています。初列風切羽と次列風切羽の境付近に手根骨があります。ちょうど、我々の肘から指先の間に渡って風切羽が生えているような感じになります。烏口骨と中手骨の体幹に近い骨端の間には翼を広げるための翼膜長筋《よくまくちょうきん》（腱）があり、これは翼の前縁の張りにもなっています。

カラスの脚《あし》の骨

カラスの脚《あし》の骨は、体幹に近い方から大腿骨《だいたいこつ》、下腿骨《かたいこつ》（脛骨《けいこつ》と腓骨《ひこつ》）、中足骨《ちゅうそくこつ》（足の甲）、第一～四の趾骨《しこつ》があります。私たちが「脚」として見ているのは、実は中足骨から先の部分です。言い換えれば、足の甲が脚になっているのです。一見すると、中足骨と下腿骨の関節部分が膝《ひざ》のように感じますが、この部位は我々の踵《かかと》と同じ部位です（カラスでも踵と呼びます）。大腿骨と下腿骨の多くは翼と体の正羽《せいう》に隠れて見えません。ですから、脚として普段見えているのは、踵から先ということになります。

歩くための筋肉は、踵から上の大腿骨と下腿骨についています。そこから足先にかけては、趾を動かす腱だけです。つまり、私たちの目に入る鳥の脚には、まったく筋肉がついていないということです。「脚隣《きゃくりん》」という上皮が覆っているのみで、骨と皮だけでつくられています。私たちの足の甲に相当する五本の中足骨が、カラスでは一本になっています。さて、その先はいかがでしょうか。親指にあたる第一趾骨は後方についており、次いで第二～第四趾骨の三本が前を向いています。つまり、鳥の足の趾の付き方からタイプ分けすると、三前趾型になります。このように趾が前後に向いていることで、木に止まるときに強く握《にぎ》れるようになっているのです。最も長いのは第三趾骨で、第一趾骨には大きな鉤爪《かぎつめ》が付いています。

正羽（せいう）：硬い大きな羽で、飛行用・装飾用として働く場合が多い。いわゆる風切羽、尾羽などがその典型。羽軸から小羽枝が数百本でている。

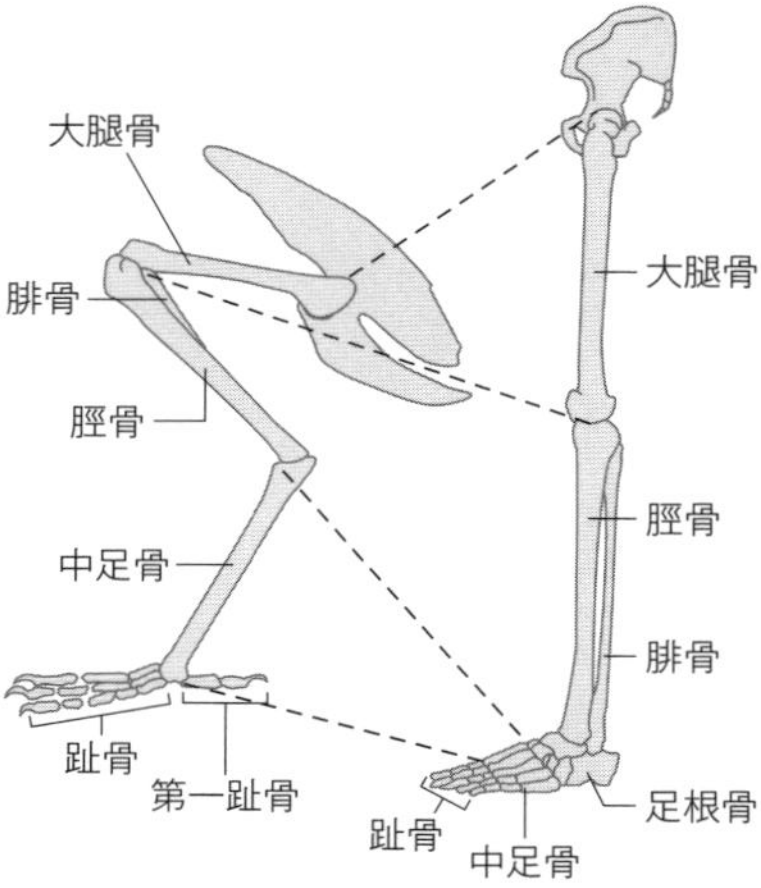

カラス（左）と人（右）の足の骨

少し骨格の話からは外れてしまいますが、カラスの脚の話ということで、続けてお話ししていきましょう。鳥の皮膚はほとんどが羽で覆われていますが、脚には羽がなく、皮膚がむき出しになっています。カラスの「脚」と呼ばれる部位は、羽ではなく脚鱗という特殊な皮膚で覆われています。前方から見ると、踵から中足骨全体にわたって六枚ほどの角質板が、敷石状《しきせきじょう》に並んでいます。後方は前方ほど節目がなく、一枚か数枚の角質板で覆われています。ニワトリほど鱗《うろこ》状には見えず、黒一色ですので甲冑《かっちゅう》の手甲《てっこう》のようにも見えます。節目は細かくなりますが、指の背側もこのような角質板に覆われています。これは、ハシブトガラスとハシボソガラスに大きな違いはあ

敷石状（しきせきじょう）：敷石を敷きつめたように見える状態。

手甲（てっこう）：鎧のパーツのひとつ。篭手（こて）と一体化して手の甲、指を守る。

りません。

脚の裏には犬や猫にもみられる肉球のような出っ張りがいくつかあり、さらにその出っ張りに小さな凹凸が無数にみられます。大きい出っ張りを肉趾と言い、その表面にある幅が約三百マイクロメートルの小さな出っ張りを乳《にゅう》頭《とう》と言います。この表面も角質化した表皮でできていますが、真皮層には脂肪や弾性線維《だんせいせんい》の組織があり、木に止まったりする際の衝撃の干渉や滑り止めになるのでしょう。また、鳥類としては数少ない直接外に触れる場所ですから、感覚器の存在も考えられます。また、この数少ない表に露出している部分は、熱放散《ねつほうさん》に重要な場所であるこ

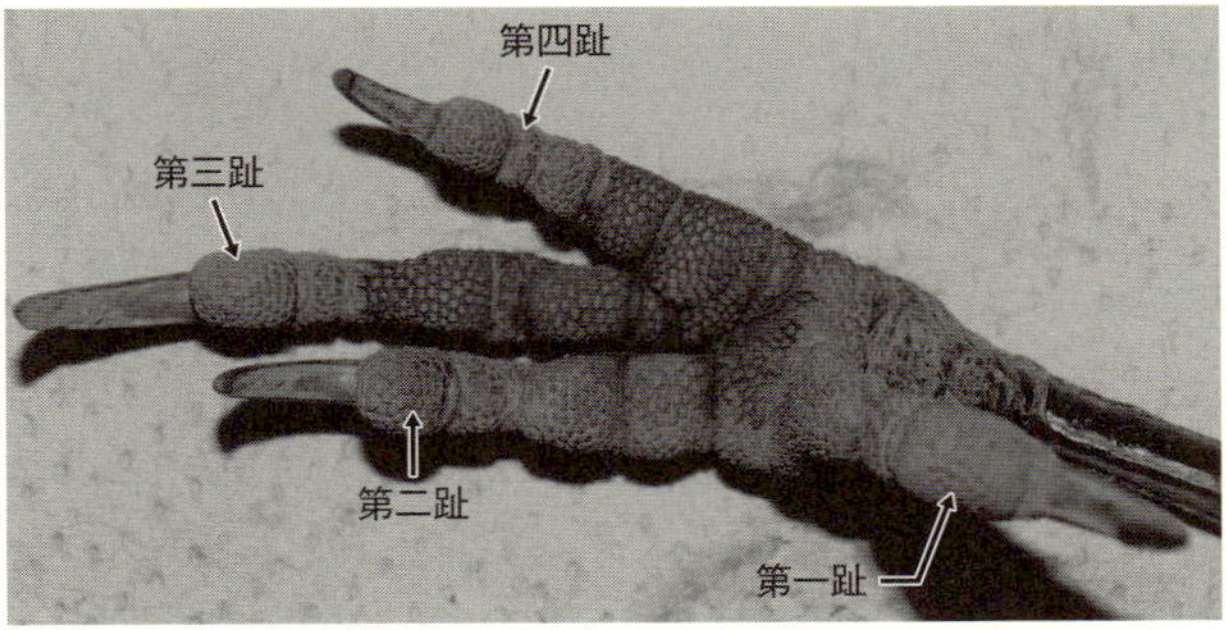

カラスの脚（左側）の裏。肉球のようにイボイボがたくさんある

角質化（かくしつか）：脊椎動物の表皮の細胞にケラチンが沈着して硬くなること。

とがわかっています。さらにおもしろいことは、ハシボソガラスでは足底の蹠骨肉趾《しょこつにくし》に対する趾の面積比は一定しているのですが、ハシブトガラスでは体重が増すにつれて足底の蹠骨肉趾を占める割合がやや大きくなります。これは、ハシボソガラスは地面を歩くことが多く、足底と趾の割合が安定していることが歩行の安定につながるためと考えられています。

カラスの翼と毛のしくみ

鳥と言えば羽装《うそう》に目がいきます。バードウォッチャーの方々も、小鳥のさえずりや可愛いらしい仕草は勿論《もちろん》のこと、やはり羽装の美しさに魅了されていることと思います。その点で見ると、カラスは黒一色で目を楽しませてくれる鳥とは言えません。カラスの羽の黒さは一様ではなく性的二型があることを第七章で触れますが、ここではそれとは違う、カラスの外観としての翼や毛をご紹介します。

カラスの翼

カラスの体を斜め背側から見ると、羽が屋根瓦のように重なり、列をつくっていて、ここまでのラインが風切羽《かざきりばね》、このラインから上は雨覆羽《あまおおいはね》という具合に区分できます。初列風切羽の上に重なるのが初列雨覆羽、それに重なるのが小翼羽《しょうよくう》、次列風切羽に重なるのが大雨覆羽、それに重なるのが中雨覆羽、それに重なるのが小雨覆羽となります。羽のサイズとしては風切羽が大きく、重なりが上になるにつれて小さくなります。最も小さい小雨覆羽は、屋根瓦の一番上のようなイメージで、この雨覆羽たちは風切羽の根本に規則正しく並んでいて、風切羽のねじれや風を切るしなりを調

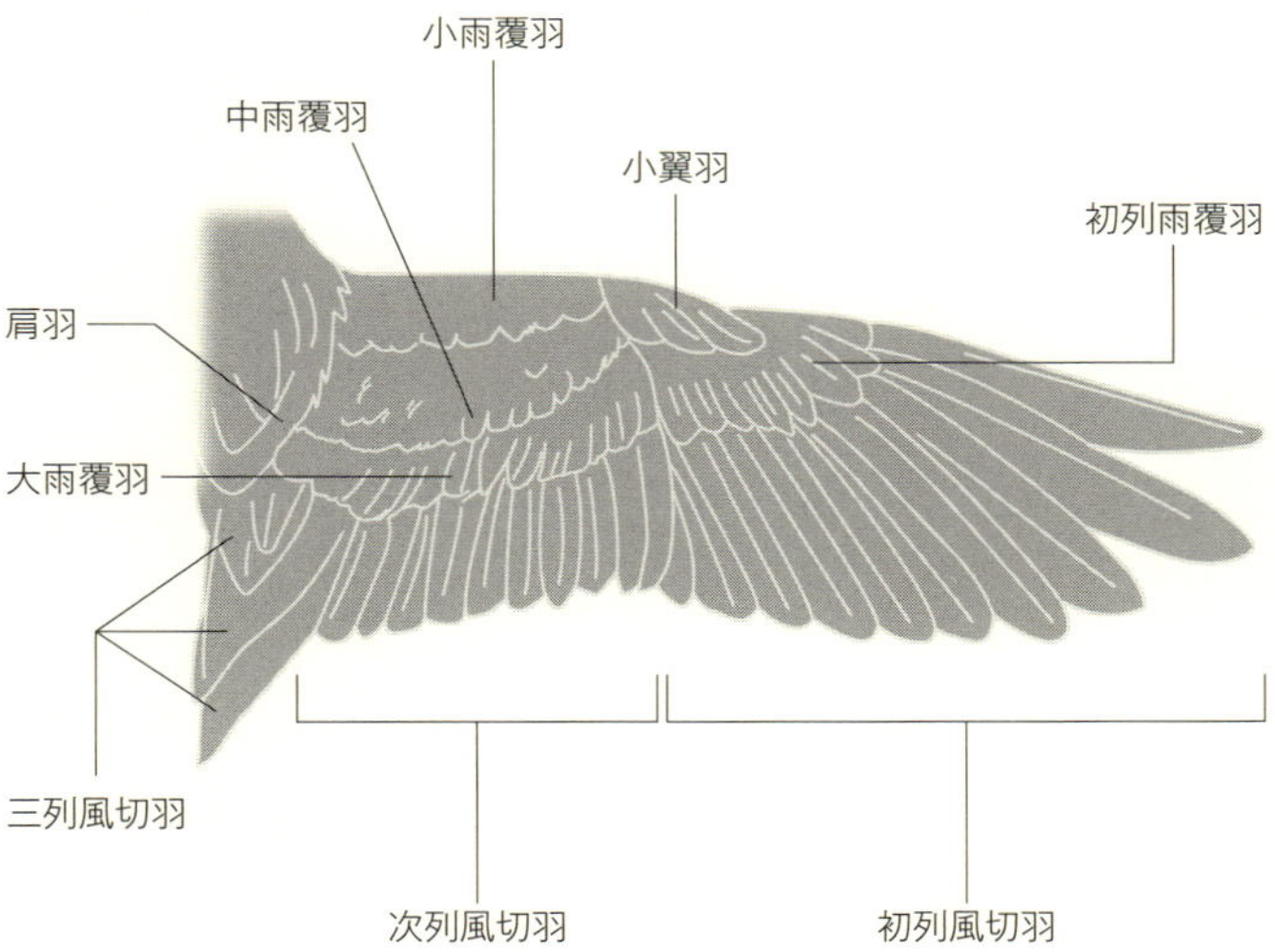

カラスの翼。瓦状に規則正しく並んでいる

節していますます。また、羽は瓦状に並んでいますので、翼の尾側から前縁に向かってみると、一列前縁に近い羽はその後方の羽の根本に重なり、下の羽を抑える機能もあります。さらに頭部に向かって羽はどんどん小さく、ウロコのように重なります。翼の付け根を過ぎると肩羽《かたばね》という小さな羽毛になって頸部になります。

カラスの顔を被う毛

貫禄の鼻毛

カラスは鼻の穴も耳の穴も外からは見えません。これはハシブトガラスでもハシボソガラスでも同じです。もちろんカラスにも鼻の穴はあります。しかし、それらは立派な鼻毛で覆われて見えないようになっているのです。

カラスの鼻毛は人間の鼻毛とは違い、たまに伸びすぎて引き抜きたくなるようなものではありません。「鼻の穴に何かが入るのを防ぐ」と言う意味では共通性があるかもしれませんが、とにかく、生えている場所も品格も違うのです。カラスの鼻毛は実に立派な風格を醸《かも》し出します。例えばハシブトガラスのクチバシの付け根、頭との境界付近から前方、やや下方に向かって、綺麗に整列し、まとまった直毛[注]（長いもので二センチメートルくらい）が伸びているのを確認できます。この毛は片側だけでも百本ほどあり、左右の鼻孔《びくう》を覆うようにハの字状に左右対称に伸びて、カラスの顔に風格を付けています。特にハシブトガラスのそれに風格を感じるのは、私だけではないでしょう。解剖時、鼻毛を抜いたあとの皮膚を見ると、とても規則的に配列されていることがわかります。また、毛根周囲には感覚受容器があることもわかりつつあります。どんな感覚を受容しているかは、これからの研究になります。

注：カラスの鼻毛は、微細にみると実は多数の枝毛が出ています。枝毛は幹毛にきっちり密着しているので、一見、直毛に見えます。

お洒落で凛々《りり》しい耳毛

カラスは耳の穴も外からは見えません。しかし耳の穴はあります。鼻の穴と同じで、毛で覆われて見えないだけです。さきほどの鼻毛は正面から見たカラスの顔の立派さをつくりますが、耳毛は横顔を凛々《りり》しく見せてくれます。

カラスの横顔をアップで見ると、目の後方、人間に例えて言えば頬骨《ほおぼね》付近から扇状に直毛が後方に広がっています。これらの毛流は、頭の毛の流れとは違い、人間で例えるならば頬骨から扇を広げて耳を覆っているイメージです。頭部にも頚筋にも広がっていますので、カラスの顔が引き締まって見え、品格を醸し出しています。

ハシブトガラスの耳毛は、ハシボソガラスに比べて口角に近い付近から出ています。この耳毛は鼻毛より大きさや形にバリエーションがあり、下に向かうにつれて短くなり、枝毛が多くなります。

オールバックの頭毛

カラスの頭の毛はいわゆるオールバックで

カラスの顔まわりの毛。一見すると立派なヒゲのような鼻毛と両サイドの耳毛がお洒落

す。ただ、先に申しました通り、ハシブトガラスはクチバシから頭の移行部がおでこ型ですので、一部の頭毛が立っていて、リーゼントのようになっています。一方でハシボソガラスは比較的平たい形をしています。いずれにしろ、頭頂から後頸までをポマードを付けてオールバックになるよう櫛《くし》を入れて固めた、小洒落たオジサンのような頭です。これらの頭毛は寝起きでも乱れず、いつも綺麗に後方に流れています。

飛翔の速度や向きを調整する尾羽

カラスに限ったことではありませんが、鳥らしい羽に尾羽があります。オナガは尾羽が長いためこの名前がつけられたと言われていますが、この尾羽が鳥をより魅力的に見せている場合もあるようです。

カラスの尾羽は十二枚あり、飛翔の速度や向きを調整する際に、扇のように広げたり狭めたりしています。左右対称に生えていて、体軸に近い羽は外弁・内弁がほぼ対称ですが、外側にいくほど段階的に外弁が狭くなります。このつくりは風切羽にも似た部分があります。

内弁と外弁（ないべんとがいべん）…羽で羽軸を境にして体の外側に向かっている小羽枝全体を外弁、内側に向かっているそれを内弁という。

水平飛行というか、安定して飛翔しているときは、尾羽はあまり開いていないように見えます。木々の間を行ったり来たりするときは、スピードを押さえる必要があるのか、尾羽を少し開いて飛翔速度と向きを調整しています。また、ハシボソガラスは体を上下に動かして絞り出すように鳴きますが、このとき、尾羽を広げて体勢を安定させているようです。鳴くときに尾羽を下げることもありますが、これはハシブトガラスでもよく見られます。

こうしてみると、哺乳類の尻尾のように自由自在とまではいきませんが、尾羽にもかなりの可動性があるようです。ちなみに哺乳類の尾を動かす筋肉は五〜六対ですが、カラスの尾羽をあやつる筋肉は六種ほどと、哺乳類と大きく変わりません。例えば、尾羽を外側に扇のように広げる筋肉として尾端外側筋《びたんがいそくきん》があります。この筋肉は腸骨後端《ちょうこつこうたん》や前位尾椎《ぜんいびたん》から尾端骨《びたんこつ》背面《はいめん》に付き、尾端を外側に引き、尾羽を開きます。尾羽を下げるには下尾《かび》端筋《たんきん》という筋肉があります。これは前位尾椎腹面から出て尾端骨腹面に付着しています。これらの筋肉は随意筋《ずいいきん》と言って、脳からの指示を受け、自在に開閉します。

随意筋（ずいいきん）：意思で動かす筋肉のこと。多くは、横紋筋でできている骨格筋を示す。

カラスは地肌も黒いのか？

さて、ここまでカラスの羽や毛について紹介してきました。羽も毛も表皮の一部ですが、表皮のすべてではありません。カラスは黒羽の鳥ですが、皮膚はどうなのだろうと思う方も多いのではないでしょうか。現に私もカラスの外見から、皮膚も黒いのではないかと考えていました。私の研究室では、有害鳥獣の狩猟の対象となったカラスを解剖する機会がよくあります。そんな機会を使い、カラスから羽や毛をすべてはがしてみました。

カラスも鳥なので皮膚はいわゆる鳥肌で、毛根部がはっきりと見えます。羽や毛は抜かれていますが、皮膚の毛根部には小さな隆起が見えます。この毛根部をよく見ますと、正羽の生えていたところと綿毛の生えていたところでは様子が違いました。正羽の生えていたところは、毛根の部分の盛り上がりが高く、いっそう鳥肌感を強くしています。さらに、羽の生え方に反映して、規則正しく毛根が並んでいました。このような場所は専門用語で「羽区《うく》」と呼びます。一方、綿毛のような小さく柔らかな毛が生えていた場所は、毛根が目立ちません。そのような場所を「裸区《らく》」と言

有害鳥獣（ゆうがいちょうじゅう）：イノシシ・カラス・ニホンザル・鹿・熊・キツネ・カモなど、農林水産物の食害・悪戯・人間を襲うなどの害を為す動物を指すが、法的定義はない。

綿毛（わたげ）：羽軸がなく、羽枝が羽柄の先端から暖い房のように伸びている。長い小羽枝があり、ふくらみをもち空気を閉じ込めるので断熱効果を生む。

います。

ちなみに、皮膚の色は黒ではありませんでした。鶏肉のような肌色ではありませんでしたが、うっすらとした黒さが出ている程度で、黒とは言えませんでした。質感としては、表現が難しいですが、厚くはないものの解剖の際にメスなど入れた感触では「丈夫な方」だと思います。

カラスのクチバシ——恐るべきパワー

カラスはその大きなクチバシも特徴的です。カラスのクチバシの長さは、ハシブトガラスで約七センチメートル、ハシボソガラスで五センチメートルとなり、ハシブトガラスの方が大きいのです。容積を計ってみたところ、ハシブトガラスは四十二立方センチメートル、ハシボソガラスは十九立方センチメートルと、ハシブトガラスのクチバシの押し出しの強さが、容積にも数値として現れていました。

このクチバシには、啄《ついば》む、突く、咬むなどの働きがあります。あえてことわりますが、「啄む」と「咬む」は、私たち人間からすると同じようなものに見えますが、カラスの身になるとまったく異なる行為です。「咬む」はグルーミングなどのときに加減をして相手の毛を整えたり、何かを引きちぎるときに見られます。一方、「啄む」は小さな虫や種子など捕食するときのクチバシの動きで、「突く」は攻撃時に相手を傷つけるためなどに行われる直線的な動きです。

さて、さきほど脚はカラスの皮膚がむき出しになっている部分だと申しましたが、クチバシもまた皮膚がむき出しになっている部分です。当然ながら皮膚だけでできているわけではなく、切歯骨と歯骨により形づくられたクチバシの骨格を、黒い皮膚が被っているのです。黒い表面はメラニンを多く含んだ角質層で、その下に真皮があり、そこには感覚を受け取る受容器があります。その詳細は第五章で説明しますので、ここから先はクチバシの破壊力についての研究を紹介しましょう。

メラニン：動物の体表に存在する黒褐色または黒色の色素。

クチバシの破壊力

カラスのクチバシの破壊力についての研究は、大手電気設備関係会社からの相談がきっかけではじまりました。ビルの屋上にはエアコンの室外機などが設置されていて、この室外機は、室内から送られてきた暖かい空気を冷やし、それを再び室内に返してやります。その空気の通路に金属のパイプが使われるのですが、パイプをそのまま露出しておくと、冷たいパイプが外気を冷やし、結露《けつろ》ができてしまいます。それが屋上からしみこむと、天井裏などが傷んだり、シミができてしまうこともあります。それを防ぐために、パイプのまわりには硬いスポンジ状の断熱材が巻かれていますが、カラスがこの断熱材をかじってボロボロにしてしまったり、断熱材のほとんどをはぎ取ってしまうことがよくあるのだそうです。そこで、カラスでも破れない断熱材のケースを、硬質の塩化ビニルか何かで開発できないかと相談にいらしたのです。

カラスに破られない強度をもつものをつくるには、カラスのクチバシの突く力、咬む力などを客観的な数値にしなければなりません。カラスというとゴミ荒らしに関する相談を受けることが多いのですが、これまでの研究の切り口では取りかかれない珍しい相談におもしろさを感じ、やってみることにしました。このように、外からの話には自分たちだけでは思いつかない研究のヒントがたくさんあります。それを避けていたら、研究のチャレンジ性がなくなり、おもしろくなくなってしまいます。

さて、咬む力、突く力などどうやって計れば良いのでしょう。経験はまったくありませんでした。カラスに本気で突いてもらわなければ、クチバシの最大の力なんてわかりません。この研究の初期には、私も素人考えでいろんなことを試しました。例えば、体重計にエサを置いて、そのエサを突くときの最大のメモリの振れを読んでみたりしました。しかしこの仕掛けでは、カラスもあまり頑張って突いてくれませんでした。

そうこうしているうちに、歯科医が使っている咬合面《こうごうめん》を見るために噛ませるフィルムに行き当たりました。フィルムに絞って探してみたら、「圧力測定用紙」というぴったりな名前の商品が見つかりました。これは圧力がかかった強さに応じて段階的に色が変わるもので、天気図の等圧線のように、最も圧力が高い範囲が赤、次いでピンク、黄色など、最強点から周

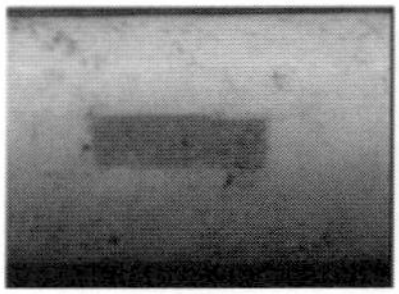

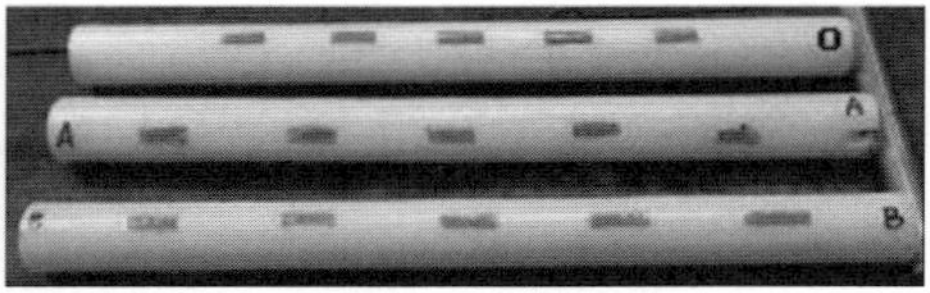

クチバシの実験。色のついた部分がエサで、透明のフィルムで被われている

辺に行くごとに、加圧が弱い部位に合った色に変わるのです。さらに、それをスキャンして、数値化も可能な仕組みになっていました。

この圧力測定用紙を用いた実験では、カラスの好物であるビーフジャーキーを硬いプレートに置き、それを硬い透明のフィルムで被いました。さらにその上に、エサがカラスから見えるように数ミリメートルの小さな窓を多数つくった圧力測定用紙を置きます。これをカラスの前に差し出せば、ビーフジャーキー欲しさにカラスが圧力測定用紙ごと、本気で突いてくれます。

さて結果ですが、ハシブトガラスの突く力は、オスで最大二十七ニュートン、メスで最大二十二ニュートン、ハシボソガラスではそれよりは弱くなりますが、オスで最大二十二ニュートン、メスで最大十五ニュートンでした。これを重さのイメージに直して考えますと、例えばハシブトガラスのオスの場合、二・七キログラムのものを一平方センチメートル（指先くらいの広さ）で受けているような衝撃度合いです。これは驚くべき数値です。引っ張る力はハシブトガラスのオスでは約十二ニュートン、メスでは八ニュートン、ハシボソガラスのオスでは四ニュートン、メスでは三ニュートンでした。つまり、ハシブトガラスのオスでは、一キログラムくらいのものなら引っ張って移動させるぐらいはできるのです。

このようなパワフルな動きは、突きならば頭の上下運動で行われます。この動きをつくる筋肉は十二種の頚の筋肉で、これらが頭を上下左右に自在に動かすことを可能にしています。こうしたカラスのクチバシのパワーを理解する実験の結果、カラスの突つきに耐えられるカバーは完成したのでした。

カラスの内臓——生きるための工夫

返しのついたカラスの舌

ハシブトガラスもハシボソガラスも雑食性の鳥ですが、両者では、やや嗜好《しこう》が異なるようです。ハシブトガラスは、小鳥のヒナや車にひかれた動物の死体など、動物の肉を好んで食べるようです。一方でハシボソガラスは、田んぼや畑、芝生のある広い公園などで、小さな虫や植物の種や木の実を探して食べています。ただし、解剖してみると、どちらの消化管からも動物由来や植物由来の胃残留物を確認できます。この二種のカラスの間で消化管の大きな構造の違いは見出していませんので、特段の断りがない限りは、共通と思って理解していただいて結構です。

口のなかと言えばまず舌でしょう。哺乳類の舌は、多種の固有舌筋《こゆうぜっきん》ででできているため、自由自在な動きを見せます。一方、カラスの舌は固有舌筋が退化して粘膜が角質化され硬くなっているため、哺乳類ほど自由な動きはできません（舌の先端は角質化していますが、舌体《ぜったい》と呼ばれる本体には柔らかい部分が少しはあるようです）。カラスは舌を大きく突き出すことがあります。これは固有舌筋がある程度発達している現われで、そうでもなければ舌を突き出したりはできないはずです。これを裏付けるかのように、舌骨《ぜっこつ》という舌の運動と呑み込みに関連する骨の突起がきわめて長く、側頭の外耳孔の後ろまで延びています。

また、カラスの舌は食性に合わせて変わった形状をしています。もちろん一般の鳥のように舌の先端は矢尻のような形をしていますが、その後端の舌体に移行する部分に釣り針のような返しがあります。これは肉など食べるとき、一度飲み込んだエサが滑り落ちないように工夫された構造と考えられます。さらに、その舌粘膜表面には舌乳頭《ぜつにゅうとう》という突起がたくさんあるのです。カラスはクチバシが大きく、顔面頭蓋と言って顎を構成する骨も比較的大きいため、口腔の容積も広くなっています。

口腔から胃をつなぐ食道の長さは、ハシブトガラスで約十セン

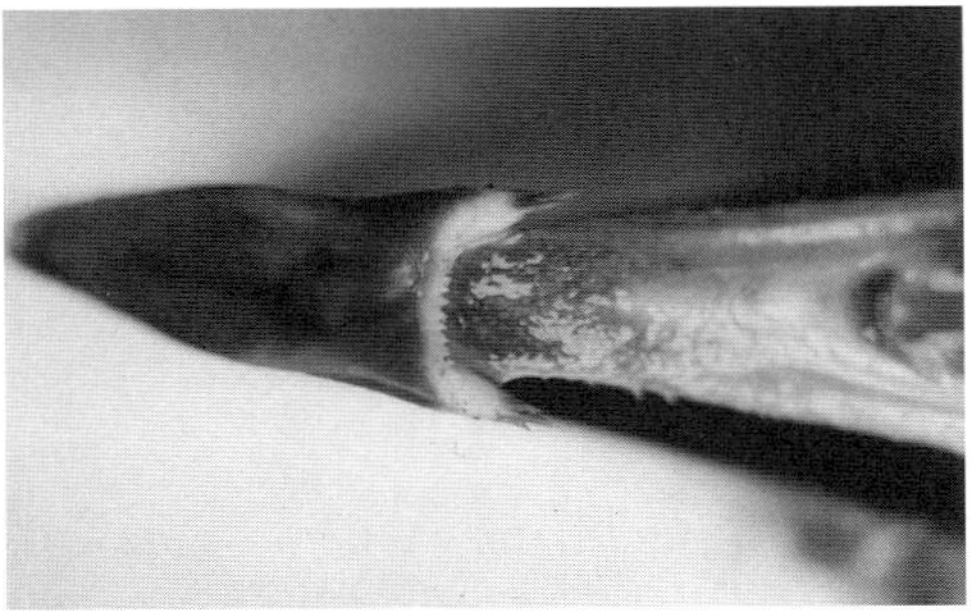

カラスの舌。返しがついているのが特徴

チメートルあります。食道は柔らかく柔軟性に富んでいるため、大きな肉片などを丸呑みしやすくなっています。また、喉のところに頬袋のようにエサを含んでおける部位があり、ハシブトガラスがエサを運ぶとき、喉の下を膨らませて飛んでいく姿を見かけることがあります。

カラスの消化管

カラスの消化管には、ほかの鳥類とは異なる面がいくつも見られます。これはカラスの食性に関係した結果と考えられています。消化器全体の重さは体重約七百グラムのハシブトガラスで約五十グラムと、体重の約八パーセントしかありません。一方、体重約千三百グラムのニワトリの消化器全体の重さは約百八十グラムと、体重の約十四パーセントです。このことから、カラスの消化管はニワトリに比べて軽いという

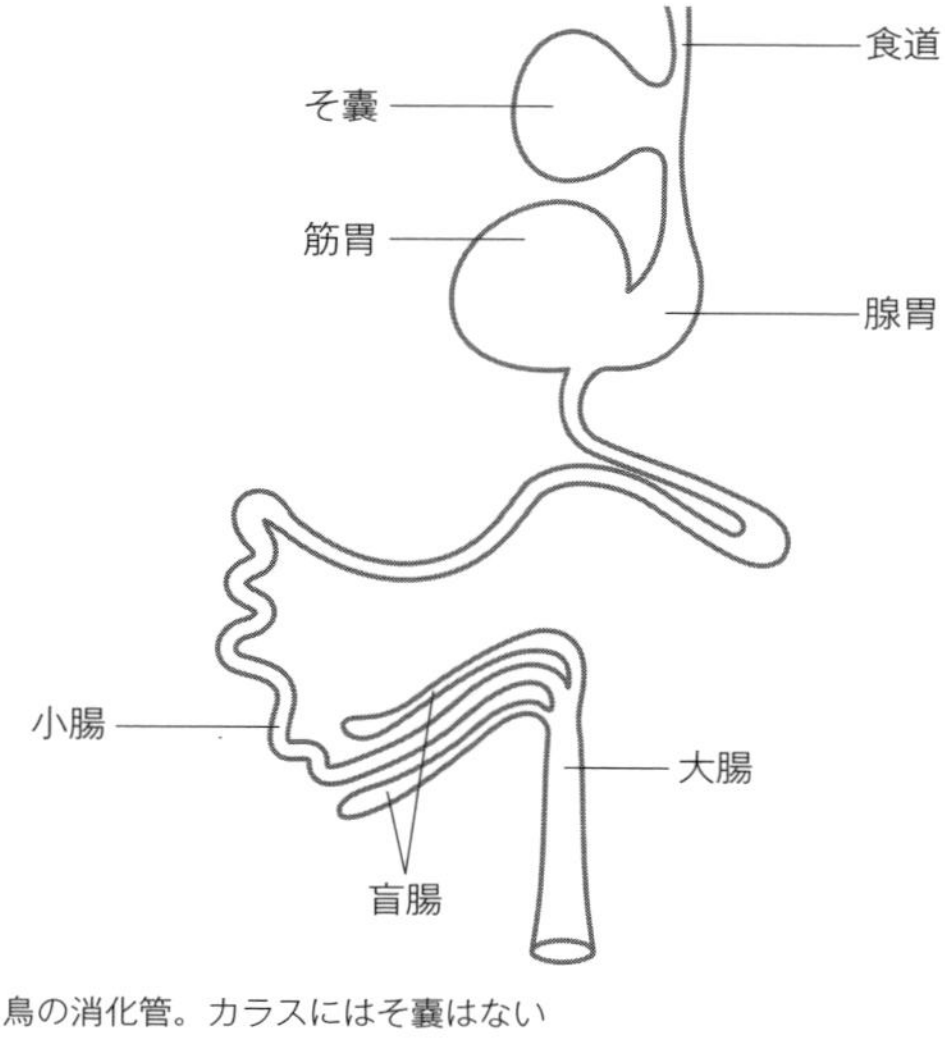

鳥の消化管。カラスにはそ嚢はない

ことがわかります。

また、長さを見ると、ニワトリの全消化管の長さは約百七十センチメートルですが、ハシブトガラスの全消化管の長さは約百センチメートルです。食道にはハトやニワトリに見られるそ嚢《のう》がありません。そ嚢は、穀物などを主として食べる鳥に見られるもので、食べた穀物をいったん貯めて、発酵したりふやかしたりして柔らかくする場所です。雑食性のカラスは、穀物を主に食べる鳥ほど食物繊維を柔らかくする必要がないため、口腔から咽頭《いんとう》にかけて容積が大きく、食べ物をたくさん口のなかに収めることができます。また、多く食い込むときは咽頭部を頬袋のように膨らませることもできます。

食い溜めができる胃の構造

カラスの消化管の特徴をもう少し詳しく見ていくとすれば、まずは胃でしょう。結論から申しますと、カラスの胃はニワトリやハトとは違い、ある程度食い溜めができるようになっています。一般的な鳥の胃は、腺胃《せんい》と筋胃《きんい》に分かれています。腺胃は食道に続く胃で、ここから消化にかかわる酵素などが分泌されます。筋胃は酵素と混じった食べ物を攪拌《かくはん》し、まんべんなく食べたものが消化されるように混ぜる働きがあり、文字通り筋肉でできていて、硬くなっています。焼き鳥で言うと筋胃は砂肝で、左右および上下にそれぞれ一対の堅い筋があり、その中央が腱になり、凸レンズのような形をしています。この二対の筋（専門的には内側広筋《ないそくこうきん》、外側広筋《がいそくこうきん》）が厚く胃壁《いへき》をつくっているので、伸縮性はあまり良くないものの、硬い種子などを粉砕することができます。

一方でカラスの筋胃は筋壁がそれほど厚くありません。組織を顕微鏡で観察すると、確かにほかの鳥と同じような構造をしていますが、カラスの筋胃は堅いレンズ状ではなく、柔らかい袋状をしているのです。この柔らかさがあるから、食い溜めもできるのだと思います。そもそも胃は消化機能だけでなく、食べ物を一時蓄《たくわ》えるという機能があります。カラスが肉片

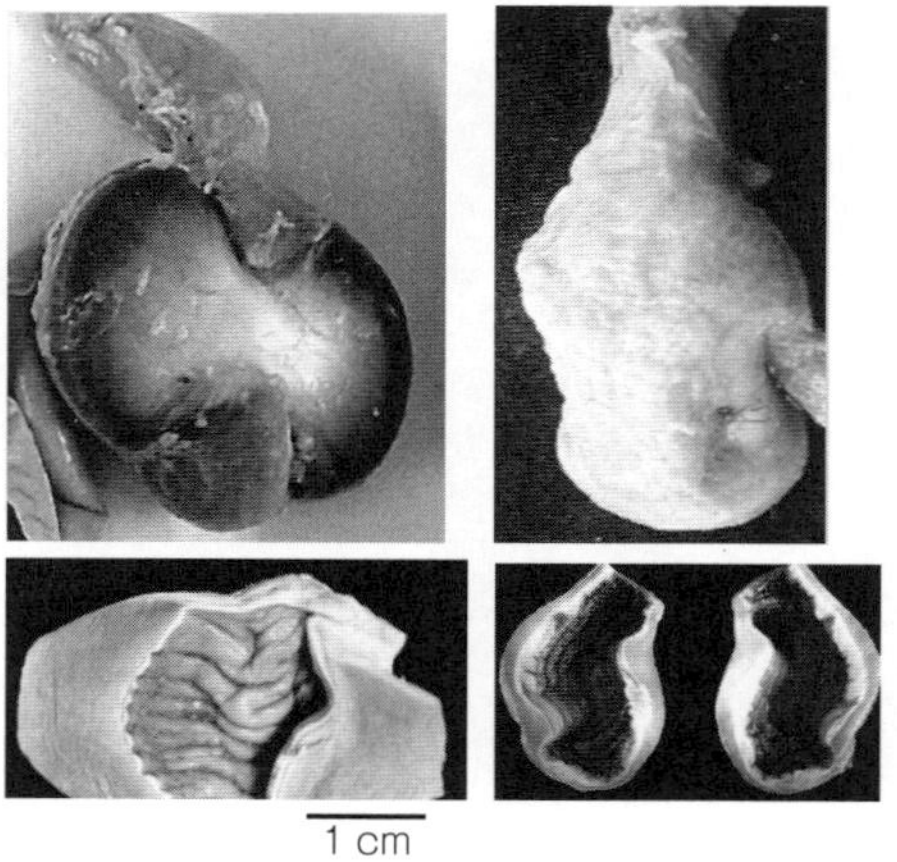

左上はニワトリの筋胃、左下はその断面で、壁が厚いことが分かる。右上はハシブトガラスの筋胃、右下はその断面で、壁が薄いことが分かる。ハシブトガラスの筋胃はニワトリのそれと比べて柔らかい

などを丸呑みできるのは、胃が軟らかく、食べ物の大きさに合わせてある程度伸縮できるからなのでしょう。カラスには食糧を貯めるためのそ嚢はありませんが、その分、胃に貯めることができるようです。

また、興味深いことにハシブトガラスとハシボソガラスでは、胃の重さが異なります。ハシボソガラスの胃の重さは平均で十九グラムですが、ハシブトガラスのそれは十グラムと、体はハシブトガラスの方が大きくて重いのに、胃の重さはハシボソガラスの約半分しかないのです。これは、ハシボソガラスの方が雑穀《ざっこく》など食べるため、胃の筋層が厚いことに起因しています。食性が体のつくりに反映されているのですね。

腸は猛禽類並みに短い

胃に次いで小腸や大腸の特徴ですが、鳥は体を軽くするために腸が短くできています。カラスとて例外ではありません。人間の腸は、平均すると身長の四~五倍、犬の腸は体長の約五倍、草食動物ではだいたい二十倍あります。[注] カラスが属する鳥類ではどうかと言いますと、ニワトリが体長の約五~六倍、アヒルは四倍ほどです。走鳥目《そうちょうもく》のダチョウでは八倍もあり

注：体が大きな動物は腸の全長は当然長いので、動物間で発達という面から腸の長さを比較するときは、長さの絶対値ではなく、体長に対する比で考えます。

ます。一方、カラスは体長の二・五～三倍と、鳥類のなかでも猛禽類と同様に腸が短いようです。カラスをはじめ、野生のなかで自由に飛ぶ生活の鳥では、腸が短い方が都合が良いのでしょう。

さらに興味深いことに、十二指腸を過ぎた空腸のところでは、ヘビがトグロを巻くように腸が渦《うず》を巻いています。豚や牛でも大腸の一部が円錐状や円盤状に渦を巻いているのですが、鳥類で小腸が渦を形成しているのはカラスではじめて見ました。このようなつくりになったのは、おそらく消化吸収の機能上ある程度の長さは必要だけれども、飛ぶという性質上、内臓をコンパクトにする必要があったからではないでしょうか。つまり、カラスを含め鳥は呼吸器が特別に発達しているので、胸腔《きょうくう》を広くとって、腹腔《ふくくう》を狭くする必要があるのでしょう。

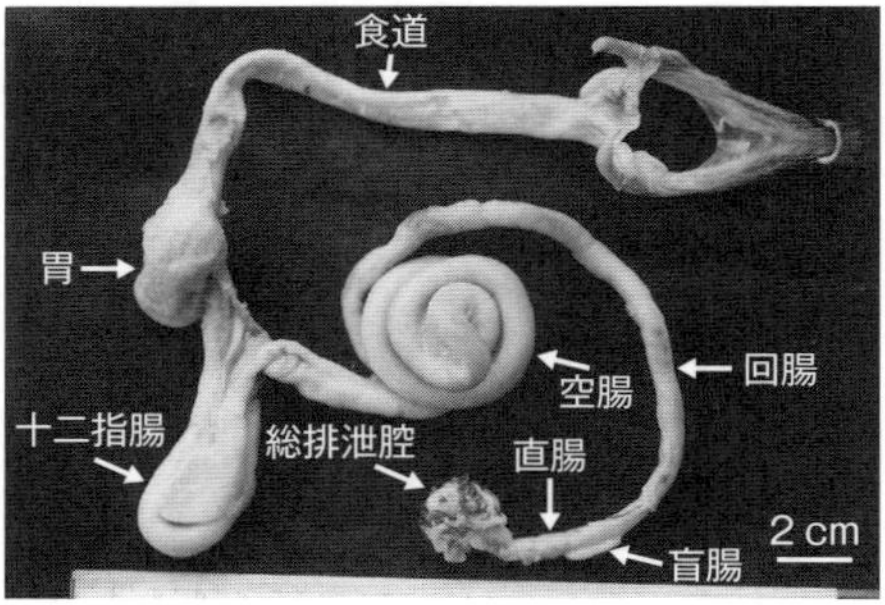

空腸は渦を巻いている

走鳥目（そうちょうもく）：飛ぶための翼をもたず、地上で生活する鳥の総称。発達した脚をもち、速く走る。ダチョウ・キウイ・エミューなどが例として挙げられる。

胸腔（きょうくう）：肋骨と横隔膜に囲まれた空間。心臓や肺などが入っている。

腹腔（ふくくう）：横隔膜から腹部に広がる空間。胃や腸、肝臓、腎臓など、内臓のほとんどがここに入る。

さらに興味深いことに、カラスの盲腸はほとんど発達していないのです。ニワトリやアヒルには、長さ十五センチメートルぐらいの大きな盲腸がありますが、カラスのそれは平均で一・五センチメートルほどの小さな突起のようなものです。盲腸以下の大腸は一センチメートル足らずとさらに短く、すぐに直腸に到達します。ですから、腸の内容物は、盲腸を過ぎたらすぐに総排泄腔《そうはいせつくう》（哺乳類でいう肛門）を介して体の外に出られるのです。

哺乳動物の大腸はミネラルや水分を再吸収して糞塊を形成したり、腸内細菌でセルロースを分解したりするため、ある程度の長さが必要ですが、カラスでは何よりも体を最大限に軽くするため、大腸を非常に短くしているのでしょう。トビも同じように大腸が短いのですが、やはり大空を自由に飛び回る野鳥は大腸も短いのだと思います。

総排泄腔（そうはいせつくう）：鳥類や爬虫類では、哺乳類とは異なり、腸の開口部と尿道の開口部、生殖管の開口部が分かれておらず、体外に出る前に一つの穴に集められる。ここを総排泄腔という。つまり、お尻の穴とおしっこの出口、外生殖器が一ヶ所にまとまった部分のこと。

カラスの生殖器

ハシブトガラスもハシボソガラスも繁殖は年に一回、春に行われます。

個体によって、発情というかカップリングの時期がずれるので、早熟なカラスは四月には子育てに入っていますが、五月になってようやく子育てしはじめる奥手なカラスもいます。また、地域によって気候の移りも異なりますので、例えば関東と東北でも、カラスの体のなかに起こるホルモンの変化の時期も違ってきます。カラスの恋は双方の想いもさることながら、自然の摂理によって成就《じょうじゅ》されるのです。

このような性行動は、生殖腺《せいしょくせん》の活動、つまり生殖ホルモンに支配されています。この生殖腺の活動は、日照時間や温度を敏感に感じとり、カラスの体に恋の季節をしらせてくれるのです。

さて、生殖腺とは精巣と卵巣のことですが、この精巣と卵巣も季節によって大胆に大きさが変わるのです。まずはカラスの生殖腺がどこにあるのかを見ていくことにしましょう。

大きくなったり小さくなったりする精巣

鳥類は哺乳類のような精巣下降《せいそうかこう》という現象はなく、カラスには陰嚢《いんのう》がありません。精巣は発生した位置である腹腔内に留まっています。確かに、

生殖ホルモン：動物の性周期や生殖器官の成熟、性腺の活動など性行動に関与するホルモンの総称。

精巣下降（せいそうかこう）：哺乳類で胎生期から出生期にかけて腹腔内の腎臓直下に形成された精巣が陰嚢内に下降して収まる現象。精巣は高温では機能障害を受けるため、精巣下降は精巣を低温に維持するための重要な現象である。

哺乳類のように精巣を体表にぶら下げていたら、飛ぶときにさぞ邪魔だろうと想像できます。カラスの精巣は、解剖時にお腹を開けてもすぐには見つかりません。腸を脇に寄せて、胃と肝臓をやや持ち上げて覗《のぞ》いてみると、肺のすぐ下、腎臓のやや上に、副腎と隣り合わせで腰仙骨部の対壁に密着している左右一対の白い粒が見えます。これが精巣です。

「粒」と表現しましたが、まさに粒なのです。繁殖期以外のカラスの精巣は米粒より小さいため、最初は私も探すのに苦労しました。外観からはオスかメスかを区別するのが難しいカラスですが、お腹を開ければ一目瞭然と思い込んでいました。しかしそうは問屋が卸さないとい

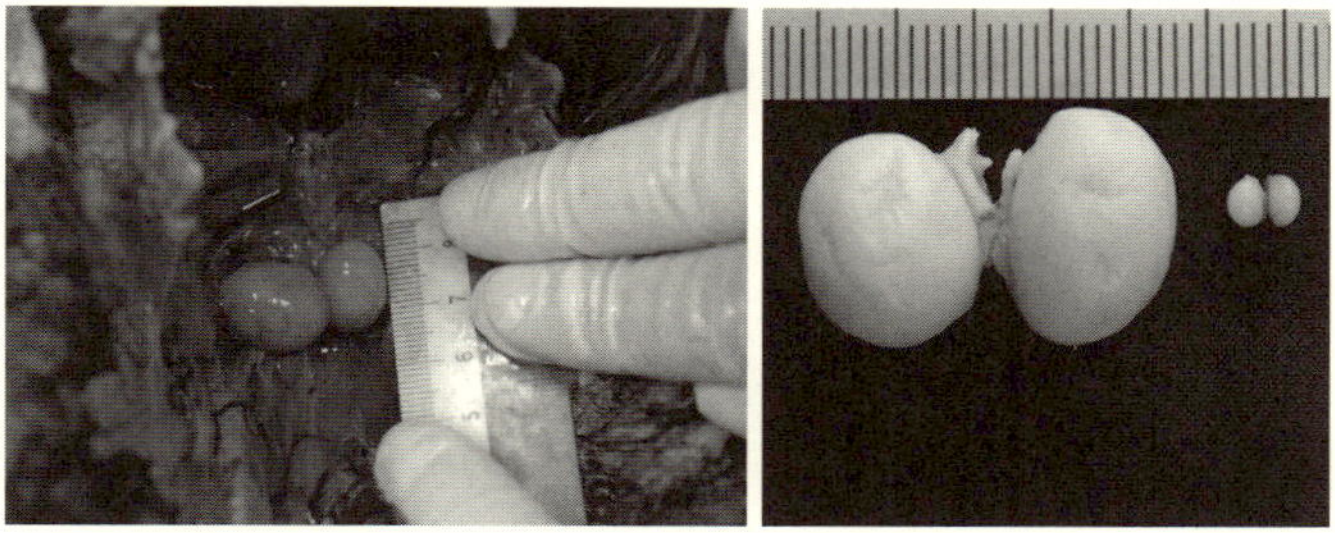

カラスの精巣。左が繁殖期に解剖したときの写真。右が取り出したところ。それぞれ右の小さいものが非繁殖期の精巣

うか、最初は生殖腺を簡単には発見させてくれませんでした（今はもちろん問題ないです）。

　この米粒ほどの精巣は、繁殖期になると、なんとソラマメをさらに一回り大きくしたくらいの大きさになります（解剖時も簡単に確認できます）。市町村ごとに行われる有害鳥獣駆除によって、いろんな発達段階の精巣をもったカラスが駆除されて私の研究室に検体《けんたい》として提供されましたが、それらを解剖するなかで、精巣の大きさが、一年のなかでもきわめて劇的に変化することを知りました。

　精巣からは精管《せいかん》が腹腔の後壁の腹大動脈《ふくだいどうみゃく》を境にして左右対となり、総排泄腔に伸びています。総排泄腔には、精管の開口部《かいこうぶ》である精管乳頭《せいかんにゅうとう》があり、射精時はここから精液が出て、排泄腔の腹側中央にある生殖突起という場所に流れつきます。交尾期には、この生殖突起がメスの総排泄腔に一瞬タッチすることで精子を渡しているようですが、その一瞬を実際に覗いたことはありません。残念です。

左側しかない卵巣

メスの卵巣はさきほど説明した精巣とほぼ同じ位置にありますが、繁殖期以外は、卵巣の確認が精巣以上に難しいです。精巣は小さいだけで、白っぽい単純な粒が左右対になっていますので、いまいち自信がなくても反対側にもう一つ同じものがあれば確信がもてます。ところが、繁殖期以外の卵巣は米粒みたいな精巣よりもさらに小さいツブツブの集団で、全体像も複雑なうえ左側にしかありません。多くの鳥がそうですが、カラスも卵巣は左側のみです。対になっていない臓器を探せば良いのですが、その片側の卵巣がまずわかりません（解剖を重ね、色々な発育段階の卵巣を見ることで、私もかなり目が肥えてきました）。

繁殖期の卵巣は見事なものです。卵巣には真珠くらいの大きさのものを筆

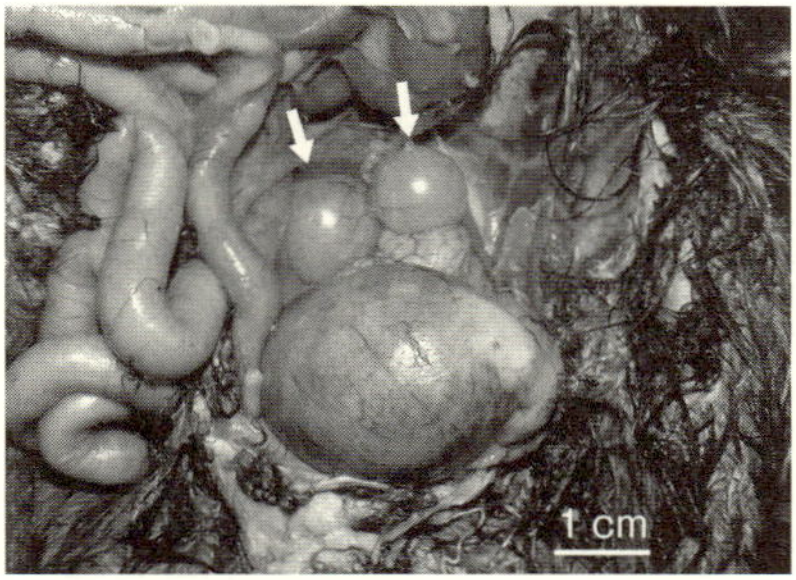

卵管子宮部に卵殻ができたと思われる卵（大きな膨らみ）と卵巣に成熟卵胞が見られる（矢印）

頭に、様々な大きさの丸い卵胞《らんぽう》がいくつも確認できるようになります。また、排卵《はいらん》されて殻が形成された卵を子宮部で確認できた解剖例もあります。繁殖期の卵管は、総排泄腔に向かい、卵巣から漏斗部《ろうとぶ》、そこから厚めの管に見える卵白分泌部、峡部《きょうぶ》、卵殻《らんかく》を形成する子宮部となり、総排泄腔につながる様子がよくわかります。メスの場合、総排泄腔にはオスのような突起は見えず、交尾器は総排泄腔そのもののようです。

カラスの泌尿器

多少動物の体について知っている方であれば、オスの泌尿器といえば、尿道と生殖道の出口である陰茎など、全体像がなんとなく浮かんでくるかと思います。ところがカラスの場合、生殖腺のところでも触れましたが、外生殖器なるものがオスですら痕跡的でよくわかりません。メスはなおさらです。実は、カラスには尿を貯める膀胱もありません。尿は窒素の代謝産物として出てくる有害なアンモニアを無害な尿素に変え、それをある程度の水に溶かしたものです。人間なら一日一〜一・五リットルを、ある程

卵胞（らんぽう）：卵巣にある卵細胞とそれを取り巻く卵胞上皮細胞とからなる細胞集団。卵胞には様々な発達段階のものがある。最も成長した卵胞を成熟卵胞と呼ぶ。

排卵（はいらん）：成熟卵胞が卵巣から排出されること。

アンモニア：NH3で表せる無機化合物。生体には有毒であるが体内でも生成される。食物に含まれる蛋白質や、腸の分泌液に含まれる尿素が腸内細菌によって分解されるとアンモニアが生産され、血液中に放出される。血中アンモニアは肝臓で尿素やグルタミンに変換され、無毒化される。

度、膀胱に貯めてから排出します。ところが、何度も言うように鳥は飛ぶことを基本として体がつくられているので、土の上で暮らしている哺乳類とは排泄の仕組みがまったく違います。膀胱もなければ尿道もないのです。

よくカラスによる糞害を耳にしますし、私も現場に足を運んだこともあります。カラスたちが止まったと思われる電線の下には、白と焦げ茶が混じった粘液状の汚物が飛び散っています。とてもおしっこのような液状には見えません。カラスに限ったことではありませんが、一般的に鳥は尿をつくらないのです。もちろん雑食性で蛋白質も摂取するので、その代謝産物であるアンモニアができないわけではありません。しかし哺乳類とはアンモニアの処理の仕方が異なり、鳥では水分を多く必要としない尿酸という結晶体にするのです。この結晶体を、凝固しない程度の水分で排出します。ですから、液というよりは白い粘性の物体として、直腸からの糞塊と一緒に総排泄腔から排泄されるのです。

ところで話は前後してしまいましたが、この尿酸をつくる腎臓ですが、鳥の腹腔の後壁にある腹大動脈を境にして、前葉、中葉、後葉の三つに分かれた左右の腎臓が見られます。各葉から尿管は出ますが、それらが合流して一本の尿管として総排泄腔に開口しています。オスでは、精管と並行して排泄腔に向かっています。メスでもオスと同じような位置をたどり総排泄腔に向かいます。

カラス豆知識 3

白いカラス

「カラスの頭《かしら》が白くなる」という諺《ことわざ》があります。意味としては起こりえないこと、有りえないことが生じるという意味です。ところで事実は小説より奇なりでして、頭どころか全身白いカラスがいるのですから驚きです。十数年前になりますが、新潟で捕獲された白いカラスが上野動物園で飼育されていたことがあります。写真はそのカラスを著者が撮影したものです。このような白いカラスが生まれることは珍しいのですが、まれに出てきます。二〇一七年五月には、京都府相楽郡和束町でも全身白いカラスが発見されました。部分的なアルビノガラスも時々確認されています。理由はよくわかりませんが、メラニンの生合成に関わる遺伝情報の欠損により色素であるメラニンが不足し、皮膚や羽毛が白くなるようです。

上野動物園で飼育されていた白いカラス

第四章

カラスの知恵

カラスの知的行動の謎に迫る

脳は生き物の記憶や行動、そして生命活動そのものの司令塔です。その働きの重要さゆえに、それを研究する分野は「脳科学」と呼ばれ、先端科学に位置付けられています。脳科学は、未知な分野が多いとともに、人間の例を挙げれば認知症や心の病気、発達障害など脳の働きに関わる目に見えない病気のメカニズムの解明やその治療などにつながり、医学の領域でも非常に期待されている分野の一つです。したがって、脳の研究は盛んに行われています。そのような脳科学の進歩に伴い、動物の脳の研究も進んできました。しかし、鳥類の脳となると若干話が変わります。そもそも英語で「You're such a birdbrain」と言うと、少し思慮の足りない人の例えになってしまいます。それくらい人間を含む哺乳類の脳に比べて鳥の脳は発達が良くないと考えられてきたのです。

一方、脳の形成の面からも、鳥の脳は哺乳類で学習、知能行動を司る大脳皮質に相当する部分がないことから、知能の程度もさほど高くないと考えられてきました。ところが、動物行動学あるいは動物心理学の分野で鳥の研究を見ると、エサを取る際に二羽のミヤマガラスが協働《きょうどう》作業をすること、様々な絵を記憶してその違いを理解できることなど、知的行動が多く確認されるようになりました。さらに、ニューカレドニアに棲むカレドニアガラスは、エサを採取する際に道具を使うことも知られています。その際、このカラスは右目を効かして道具をつくることが多いということで、この場合は左脳の機能優位を示し、右脳左脳の基本的形成のヒントが隠されているのではないかと注目している論文もあります。

さらに、クチバシの入らない花瓶の水を飲もうとしたカラスが、花瓶に石を投じて水かさを上げて飲むことができたという、考えれば課題解決につながるという教えがあるイソップ物語の『カラスと水差し』という寓話がありますが、これを現代風にアレンジした研究のなかでも、カラスは活躍しています。少しその実験を紹介しましょう。筒型のメスシリンダーの底にエサが入った小さなカゴを入れて、カレドニアガラスに与えます。なにせメスシリンダーですから、エサが欲しくても頭もクチバシも入りません。そのカラスに一本の針金を与えたところ、何度かの試行錯誤はありま

協働（きょうどう）：協力して働くこと。

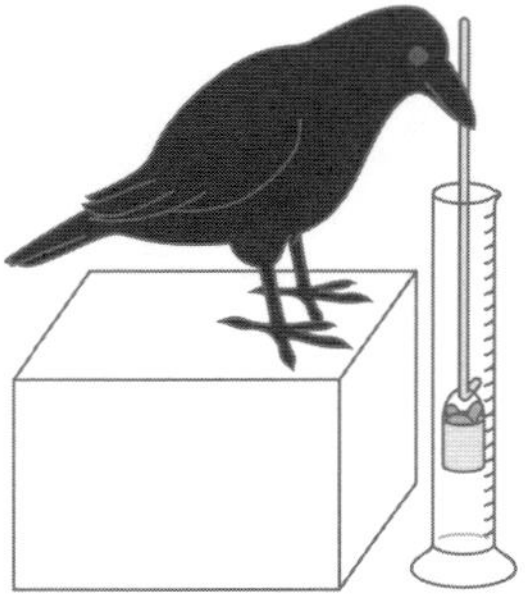

カラスと水差しの実験。針金をフックのように折り曲げて、メスシリンダーのなかのエサ桶を引き上げる

したが、針金をフックのように折り曲げメスシリンダーのなかのカゴを吊り上げ、みごとエサにたどり着いたというのです。カラスには針金を曲げて吊り上げるという閃《ひらめ》きがあったのです。これはカラスが目的に沿って流れを論理的に考え、道具をつくることができることを証明した実験でもあります。この結果は、霊長類以外にも道具を使う動物がいるということで、多くの動物行動学者の興味をひきました。

　さて、カラスは研究対象として興味深い素材であることはもちろんですが、その脳の秘密を解明することや、学習実験によりカラスがどれほど賢いかをみることは、私たちが今後カラスとどう付き合っていくかを考える鍵としても注目に値するものです。そこで、本章では、私がこれまで取り組んできた脳とカラスの学習行動についての研究を紹介していきたいと思います。

賢さの泉となる脳の構造

まずは私の専門である脳神経解剖学の分野から、カラスの脳についての話をはじめましょう。前述の通り、鳥は脳があまり発達していない動物と考えられており、脳の研究もあまり積極的には行われてきませんでした。というのも、鳥の大脳は、哺乳類の脳にある知能にあまり関わりのない部分（大脳基底核《きていかく》）が特化して形成されたものと考えられており、大脳の各部の名称も、哺乳類の大脳基底核の多くを占める「線条体《せんじょうたい》」から名をとって「〇〇線条体」と呼ばれていました。つまり、「鳥の大脳のほとんどは、哺乳類の脳の底にある知能には関わらない部位と同じである」と考えられていたわけです。それに対し、二〇〇四年以降は線条体と呼ばれた部位が実は哺乳類の外套《がいとう》（大脳皮質）に相当すると考えられ、各細胞層も「〇〇外套」という名称がつけられるようになりました。これにより、鳥類も学習、記憶、判断など知的機能を司る哺乳類の大脳皮質に相当する部位を名実ともに得たのです。

とはいえ鳥の脳と言ってもやはり種によって大きさも形も異なり、まさに「Bird's Brain」な知能の低い鳥もいれば、カラスのように賢い鳥もいます。ではカラスの脳はほかの鳥類とどう違うのか？　構造や発達の様子を身近な鳥と比較しながら見ていきましょう。

鳥類の脳

カラスの脳の話をする前に、哺乳類と鳥類の脳の一般的な構造の類似性と違いを解説しておきましょう。脳は発生の初期段階では前方から見て前《ぜん》脳胞《のうほう》、中脳胞《ちゅうのうほう》、後脳胞《こうのうほう》という三つの膨《ふく》らみからはじまります。前脳胞はその壁の神経細胞が増殖肥厚し大脳になります。中脳胞は、やはり壁の細胞が充実し間脳や中脳を形成します。最後の後脳胞は小脳、橋《きょう》、延髄になります。中脳胞、後脳胞でつくられた部位は小脳を除いて脳幹《のうかん》という生命維持には欠かせない中枢になります。体温調節・血圧、呼吸、内臓の知覚・運動など無意識に行っている生命活動（植物機能）の調節は、脳幹が司《つかさど》っています。生命活動の基本ですから、脳幹は動物の種を超えて基本的には

以前の脳に対する考え方

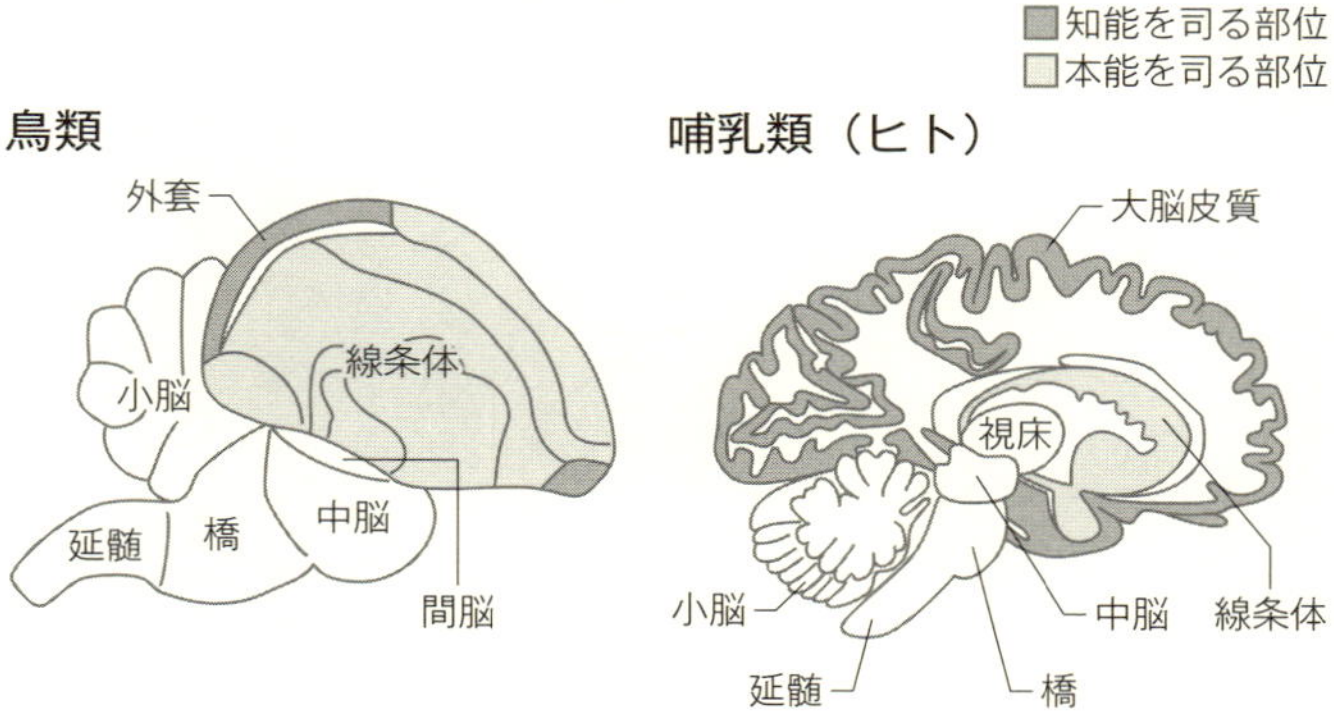

現在の脳に対する考え方

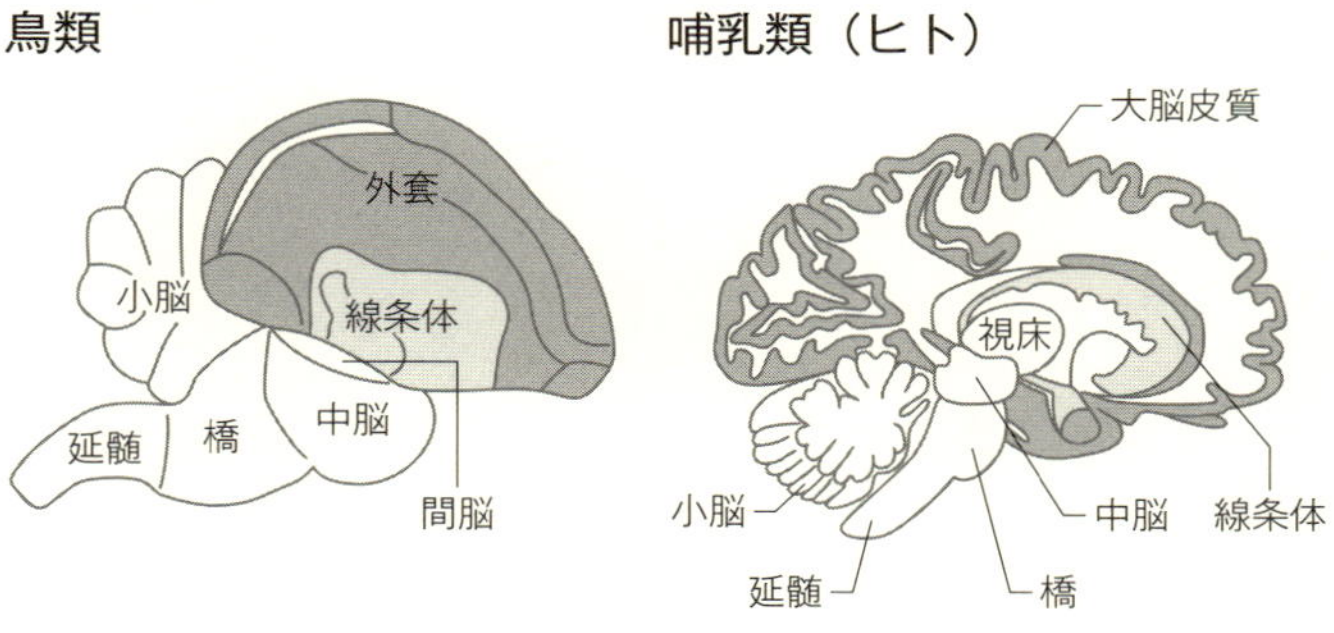

鳥の脳と人の脳。2004年よりも前は、鳥の脳のほとんどが思考に関与しない線条体が占めると思われていたが、線条体と思われていた部分が実は外套で、哺乳類の新皮質に似た働きをすることがわかった

同様のつくりになっています。一方、大脳は動物の種によって形が異なります。

鳥類も哺乳類も、大脳の構造を見ると中心部に基底核という細胞の塊（細胞核）があり、その外側に基底核を包むように外套があります。哺乳類の場合、この外套の表面に近いところは細胞が地層のように配列されていて、多くの領域は六層構造をつくっています。各層は、情報を受け入れる細胞層、指令を出す細胞層、その間で出力と入力を調整する細胞層という役割分担があります。これらの細胞層の厚さは各層を合わせて数ミリメートル程度で、皮質と呼ばれています。

高次の知能行動を有する動物は、この細胞層を広くとりたいのですが、脳を容れる空間には限りがあるため、皺《しわ》（脳回《のうかい》と脳溝《のうこう》）をつくることで表面積を広げています。人間の脳はその典型です。一方、鳥の大脳も大脳基底核を包むように外套があります。鳥類の外套は哺乳類のように数ミリメートルの細胞層からできている薄い細胞層ではなく、大きな細胞塊の集まりです。ですから、脳の表面には皺はなく、ツルっとしています（平滑脳）。鳥は空を飛ぶことを生業《なりわい》にしているので、体重が重くなりすぎないよう、バランスがとりづらくないよう、頭の大きさは小さくできています。脳の形成も頭の大きさに合わせ、コンパクトでなければなりません。限られた容積のなかに神経細胞を豊富に備えられるよう、哺乳類のように皺をつくって脳の表面積を広げるのではなく、機能ごとに細胞塊でまとめる道を選んだのでしょう。それゆえ、一見、知能に関係しない大脳基底核が膨らんだようにとらえられたのかもしれません。いずれにしろ、鳥類ではこの外套を構成する細胞たちが哺乳類の皮質の細胞に相当する高次知的機能を司っているのです。

カラスは脳の大きい動物である

カラスは体重が四百五十〜八百グラム前後、脳の重さが約十グラム前後と、ニワトリ、カモ、ハトといったほかの鳥よりも体の大きさに対して脳が大きくできています。ニワトリの場合、体重二・五キログラム前後で脳の重さが約三グラム、体重あたりで計算すると脳の重さは〇・一二パーセントです。一方、カラスは体重を七百グラムとして計算すると、脳の占め

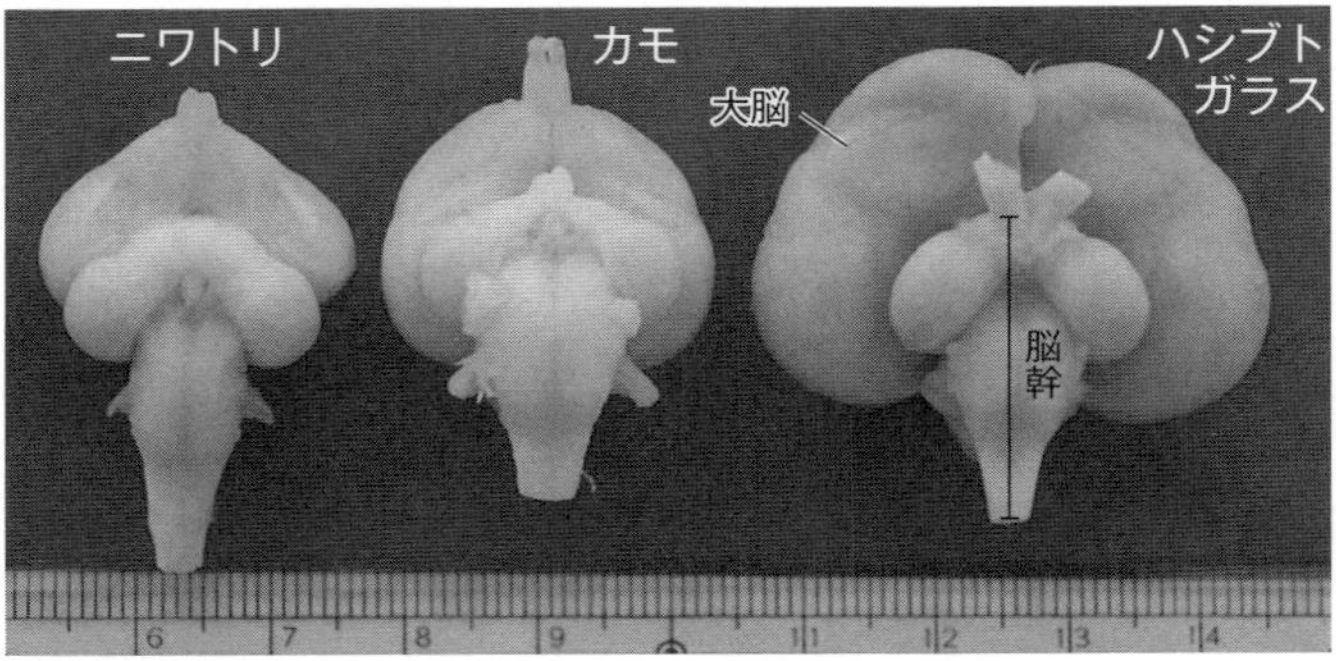

脳幹の大きさはほぼ変わらないが、カラスは大脳がほかの鳥と比べて非常に大きい

る割合は一・四パーセントと、ニワトリに比べ十倍ほど脳の占める割合が高いのです。ちなみに我々人間の脳は、体重七十キログラムの人の脳の重さが千三百グラムくらいですから、体重に対して脳の重さは一・八パーセントです。なんと、カラスはニワトリより人間に近いわけです。ちなみに馬の場合、体重は五百キログラム前後、脳の重さが約五百グラムなので、脳の占める割合は一パーセントとなります。つまり、体重あたりで考えると、カラスの脳はほかの動物と比べて、とても大きいことがわかります。

さて、カラスの脳がほかの鳥と比

べて大きいということを、植物機能の中枢である脳幹を基準に見てみましょう。ハシブトガラスの脳とカモ、ニワトリの脳を並べて見ると、脳幹の大きさ自体に差は見られませんでした。そこで、脳全体のなかで脳幹がどれくらいを占めるかで比べたところ、ハトやニワトリが約三十三パーセントであるのに対し、カラスでは約十三パーセントでした。それに対し、脳全体のなかで大脳の占める割合を比べたところ、ハトやニワトリでは約五十三パーセント、カラスではなんと七十九パーセントにもなり、カラスの大脳が脳幹に対してとても大きいことがわかりました。つまりカラスの脳はニワトリやハトと比べて、知能に関連する大脳が大きいということです。昔から「ニワトリは三歩あるけば忘れる」という喩《たと》えがありますが、脳の大きさから見ても納得の結果です。ただ、ニワトリを弁護するわけでもないですが、彼らもなかなかしたたかな脳をもっていることも事実です。

脳の細胞集団

鳥の脳のなかでも、カラスの脳はほかの鳥のそれよりも外套ごと厚い細胞塊を形成しています。つまり、カラスの脳が大きいのは、外套がよく発達しているからと言えるでしょう。外套を外側から見ていくと、上外套《じょうがいとう》、中外套《ちゅうがいとう》、巣外套《そうがいとう》、弓外套《きゅうがいとう》という順になり、大脳基底核が最も大脳の底になります。外套の後方は、記憶や空間学習能力を司る海馬《かいば》につながっています。哺乳類の場合、海馬は側頭葉《そくとうよう》の奥に位置しますが、鳥の脳では海馬が表面に出ています。

さて、脳の発達を考えるにあたって、カラスとニワトリ、カモの外套の容積を比べてみました。カラスの外套の容積は一万千百三十四立方ミリメートル、これはニワトリの五倍、カモの三倍にあたり、カラスが際立って外套が発達していることがわかります。また、淡蒼球《たんそうきゅう》など外套以外の基底核となる脳が占める割合は、ニワトリで二十パーセント、カモで十パーセントに対してカラスは六パーセントと、カラスは哺乳類の大脳皮質に相当する外套の占める割合が大きいことが明らかになりました。

次に外套を機能面から見てみました。哺乳類の脳では皮質をつくる細胞層によって入力、出力、その間の調整と働きが決まっていますが、鳥の脳でも外套の細胞塊によって入力、出力、その間の調整と、細胞塊の構成は

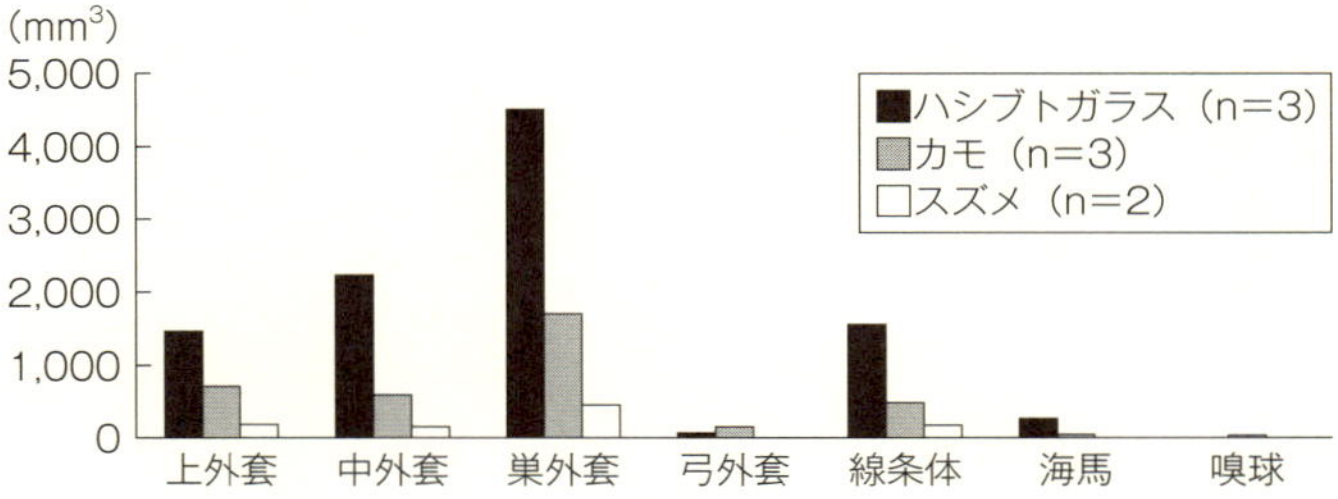

ハシブトガラスの新脳区分に基づいた各領域の容積。カラスはカモ、スズメに比べて外套の体積が大きいことがわかる

哺乳類の皮質とよく似ていました。つまり、哺乳類の大脳皮質をつくる細胞が層構造を形成することによって行う機能を、鳥では外套を構成する細胞塊が行っているのです。さらに、外套は知的情報を処理するレベルによって役割が異なります。例えば、視覚弁別《べんべつ》能力を司る弓外套、鳴き声などを調整する巣外套、より高度で総合的な知的判断を行うための中外套や上外套という神経細胞の集団があります。上外套や中外套が行う高度で総合的な知的判断とは、訓練や経験によって得られた学習経験をもとに、それらを組み合わせて新たな別の行動を取るようなことを言います。例えば、クルミを車にひかせると殻《から》が割れて実を食べやすい

弁別（べんべつ）：二つ以上のものの違いをわきまえて区別、識別すること。

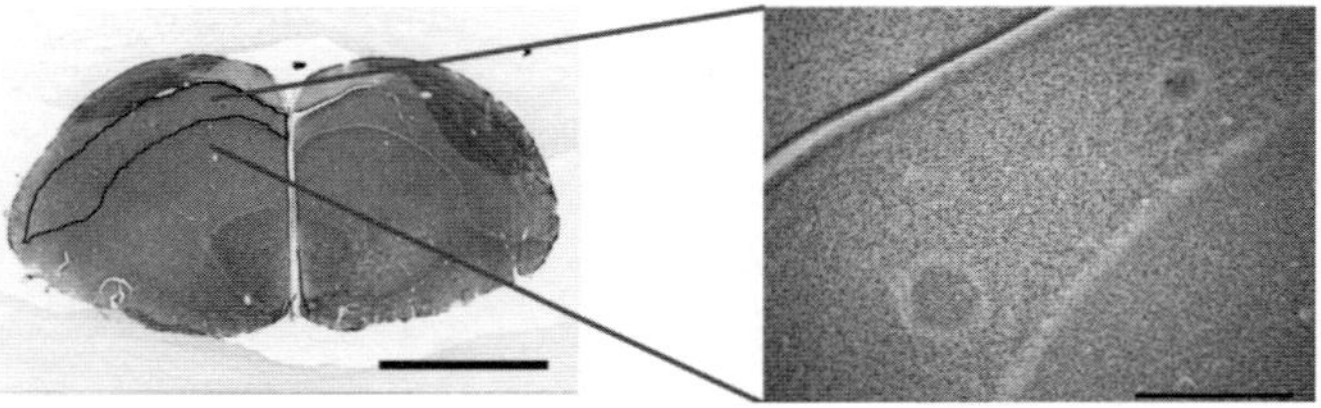

中外套にみられる細胞塊

ことを理解するような能力です。

カラスの脳のさらにおもしろいところは、ニワトリやハトではみられない細胞集団が見られることです。その細胞集団は、脳のプレパラートを顕微鏡で観察すると島状の点々として見られ、個体によって違いますが一つの脳片側あたり五～七個ほど確認されます。少し専門的な話になりますが、この細胞集団は側脳室《そくのうしつ》下部の中間内腹側中外套と呼ばれる場所にみられます。この場所は、ほかの鳥類でも聴覚や視覚などの多くの感覚情報が入ってくる場所で、それらの情報を認知してできあがる刷り込みを形成する部位として知られています。この領域は、刷り込みはもちろんのこと、色の識別、弁別学習などの高次脳機能に重要な働きをすることもわかってきています。さらに、これらの細胞は甲

プレパラート：顕微鏡観察を行うにあたり、観察したいものを顕微鏡で観察できるような状態に処理したもの。

甲状腺ホルモン：甲状腺から分泌され、一般に全身の細胞に作用して代謝を上げる働きをもつ。

状腺ホルモンの影響を促進的に受けることも、最近わかりました。ただ、どうやら甲状腺ホルモンの流入は個体差があるようです。この後紹介する様々な学習実験では、カラスによって成績に差があるのですが、これは甲状腺ホルモンによるものなのか、そもそも学習実験が成功したのはこの細胞集団のおかげなのかなどと考えながら、脳のプレパラートをのぞくのは楽しいものです。

ところで、カラスは貯食《ちょしょく》と言って余ったエサなどを隠し貯えておく習性があります。そして隠した場所をしっかり覚えていて、後日食べるのです。このことは、周囲の状況で隠した場所を記憶していると考えられます。つまり、カラスは空間記憶能力にも優れているのです。これを裏付けるかのように、記憶の中枢である海馬もカモと比べて約十倍も容積が大きいのです。神経連絡の面から見ると、高次に視覚情報を処理する上外套、そこから情報を受ける中外套を経由して、空間記憶など視覚情報を手掛かりとする記憶を形成しているものと考えられます。

カラスの知的行動——識別能力編

カラスの脳が解剖学的にみてよく発達していることは、先に紹介した通りです。では、この脳でいったいどんなことができるのか。読者のみなさんもたいへん興味をおもちだと思います。私の研究室ではハシブトガラスを用いて、弁別学習、数の概念、記憶など様々な実験を行ってきました。その結果、脳の発達を裏付けるかのようにすばらしい知的行動を示してくれましたので、それらを紹介します。

カラスは人間の顔を覚える

カラスは、自分に意地悪をした人間の顔を覚えていて、仕返しをするという話があります。私のところにも、ゴミを荒らしに来るカラスに何か手ひどい仕打ちをすると、顔を覚えられて倍返しくらいの反撃を受けるのでは？　と心配される方からの相談を、これまで何件となくいただいています。このように、一般の方々はカラスが個人個人の顔を識別することができると考えているようです。なかには、一度カラスに悪いことをして顔を覚えられたら、ストーカーのごとく付け狙われると思い込む方もいらっしゃいます。

その真意を確かめるつもりはないのですが、カラスが顔写真で個人を識別できるかどうかの実験を行ってみました。数人の顔写真が印刷された紙製の蓋《ふた》がついた容器のなかで、私の顔が印刷されているもののみにエサが入っているという仕組みです。蓋はカラスがクチバシで突き破ることができる強度になっています。一度突き破られた容器はいったん取り上げて置く位置を入れ替え、エサ箱の場所で判断されないようにしました。こんなことを三十回以上繰り返した結果、カラスはいとも簡単に私の写真がプリントされている紙蓋を破ればエサにありつけることを学習しました。私以外の顔写真を四人、八人、十五人と増やしても、容易に私の写真を選びます。結論として、三羽のカラスで実験を行ったのですが、成績に多少の差はあるもの

人の顔写真判別実験の様子

の、三羽とも及第点の八十パーセントの正解率を出すことができました。十五人分の顔写真を提示された実験では、一度地面に降りてから、どれが正解かを探すように歩き、目標の容器にたどり着いているようでした。つまり、カラスはこのような実験設定のうえでは、いとも簡単に十五人のなかから正解を示す一人の顔写真を選ぶことができたのです。顔写真は正面だけでなく、横向きなど様々なものを用意しましたが、どの方向を向いていても正解を選ぶことができました。

さて、今紹介した実験では、私の顔写真さえ覚えておけば、ほかの写真が多くとも正解を選ぶことができました。これはカラスにとってさほどハードルの高いクイズにはならなかったのでしょう。念のために補足説明しますが、カラスは私の顔写真付きの紙蓋を破ればエサが食べられることはわかったのですが、その写真を私という人物として認識しているわけではなく、写真をあくまでもシンボルとして認識しているようでした。というのも、少なくとも私は実験中に何度もカラス小屋に入りましたが、カラスが私の顔をめがけて飛んできたことはありませんでした。このような実験とは違いますが、エサをあげる人、危害を加える人など、個別の人間の識別がつくことはわかっていますので、個々の人間を識別して対応する能力はもちろんあります。所詮《しょせん》、カラスであるところは、写真の私と本物の私を同一と考えないところです。

カラスは人間の男女を見分けられる

さきほどの実験は特定の人間の写真を選び出すことができるかを見たものでしたが、次の実験では難易度を少し上げてみました。あくまでも写真上のことですが、カラスには人間の男女というカテゴリーがあるのかどうかを問いかけてみました。しかし、どうやって確認するかが問題です。実験で彼らができるかどうかを聞く方法を考えるのは、研究の楽しみでもあり、難しい部分でもあります。第六章でカラスの言葉を研究した結果を紹介しますが、恥ずかしながらカラス語はやはり難しすぎてわかりませんでした。このため、男女の違いがわかるかをカラス語で聞き出すのはまず無理です。言語がだめならほかのコミュニケーションツールを考えなければいけません。やはりさきほどの実験のように、こちらが意図する行為に成功したらエサがもらえることを前提にした「アメとムチの学習方式」を用いるのがよさそうです。

そこでまず男女各々十名ほど集い、髪型などの特徴をなくすためにニット帽を被らせて写真を撮りました。そして手はじめに女性Aさんと男性Bさんの写真を使って、女性Aさんの写真を印刷してある紙蓋の容器を選べばエサにありつけることを学習させました。ここまでは先に紹介した顔識別実験とほとんど同じですが、問題はここからです。女性Aさんの写真が付いた紙蓋を十回中十回選ぶようになったカラスに、女性Aさんの顔に変わって女性Cさん、Dさん、Fさんを、男性も最初のBさんに変わってGさん、Hさんに変えるのです。さて、その結果はどうだったのでしょうか。カラスは一時「アレッ?」という感じで間違えたりしますが、そのうちどんな男女の顔写真の組み合わせでも女性の写真がある蓋の容器を選ぶようになりました。つまり、カラスは女性の顔写真に何らかの共通性を見出すようになったわけです。これはカラスにはグループ分けの思考ができるということを表しています。

この実験の成果に味をしめた私は、カラスはいったい何を見て男女を識別しているのかを知りたくなりました。そこで、目や口、鼻など顔の一部をマスキングした新たな実験に取り組みました。これは、男性、女性の判別において、目つき、口つきを基準にしているのかもしれないという単純な発想からです。その結果、マスキングしない場合は十回試行中で九～十回は正解の顔写真を選べたのですが、一度覚えてしまえばマスキングした初見の顔の男女を用いても十回中九～十回は正解の写真を選ぶことができました。実はこの実験はまだ現在進行中で、輪郭《りんかく》などほかの要素についても調べたうえで、結論を出したいと思います。

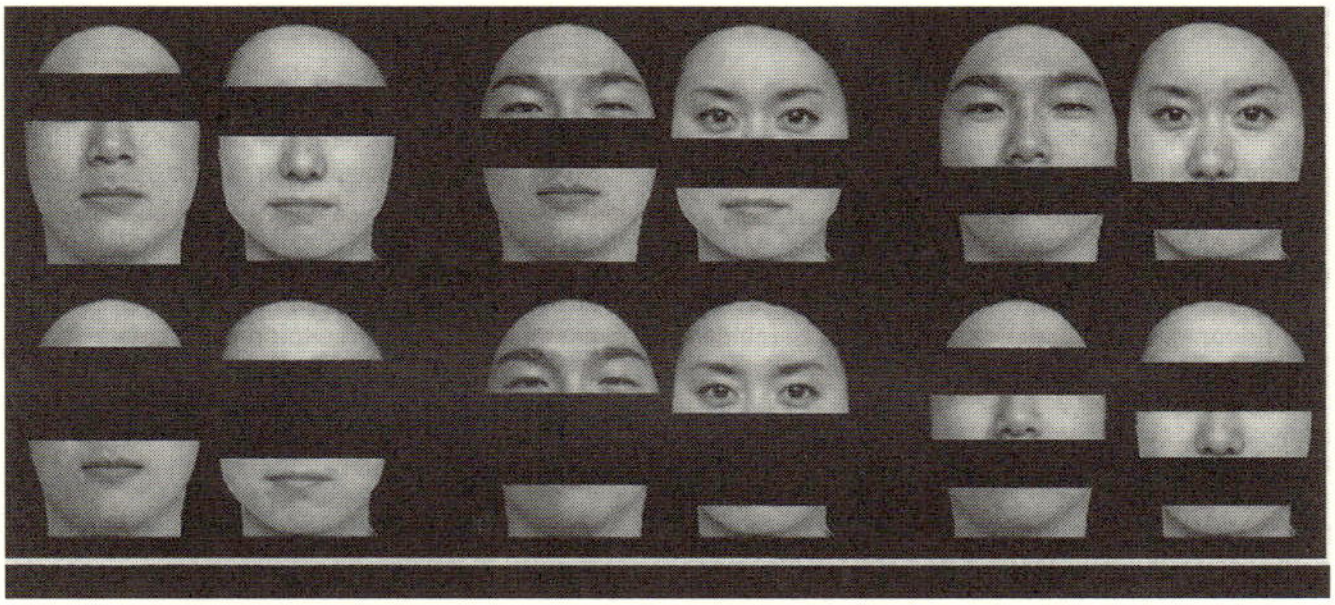

マスキングした男女の写真。これでもカラスは男女を見分けることができる

カラスも相手のカラスの顔を見ている

人間の顔の識別についてはこれまで紹介した通りですが、カラス同士はお互いを何で認識しているのかが気になってきました。全身真っ黒なので、一見すると個々の特徴は私たち人間にはまったくわかりません。しかし、カラスを見ているとカラスの親は自分の子供はわかっているようですし、子供が親を間違えている様子もありません。正直、不思議でなりません。ただ、今の話とやや矛盾しますが、長く飼育しているカラスであれば私たちにも見分けはつきますので、日頃の付き合いの程度によるものかもしれません。ということはまさに日頃付き合いの多いカラス同士は、顔や外貌《がいぼう》で相手を認識している可能性が高いと考えました。そう思ったら実験するのみです。さっそく研究テーマに組み込みました。

さて、カラス同士が顔で識別していることを確認するには、どうしたら良いでしょうか。いろいろ考えてはみたのですが、結局、さきほどの顔写真識別とほぼ同じ方法にしました。例えば、カラスAとカラスBの二羽のペアで行うとします。カラスAの顔写真を、前、横、斜めなど六アングル

様々なカラスの顔写真。人間から見るとどれも同じだが、カラスには違いがわかるようだ

ほど様々な角度から撮ります。同じくカラスＢの顔写真も何枚か撮ります。そしてカラスＢの写真がプリントされた紙製の蓋の容器にエサが入っているという条件にします。

いよいよ実験開始です。まずは、カラスＡとカラスＢを正面から撮った顔写真の蓋がついた容器を二つ並べて、カラスＣに選ばせます。容器の位置をランダムに交換しながら選ばせる実験を一日十回繰り返し行い、正解の容器を九回以上選ぶようになったら学習成立、つまり二者の違いがわかったものと判断します。その後は、カラスＡの横向きとカラスＢの斜め後ろ向きのペアというように、ランダムに顔写真を組み替え、容器を置く位置も変えて実験を進めました。その結果、カラスはどのような向きであろうが正解の容器を選ぶようになったのです。写真を追加して、未経験の写真を用いても判断できたのです。このことは、カラス同士はお互いの顔を識別していることを示唆するものと考えました。この研究は最近はじめたばかりで、まだ一羽の例しかありませんが、研究の現場を紹介する意味でも記載しました。

カラスにも量や数の概念がある

これまでの実験で、カラスは写真で個々の顔の違いを識別する能力があることをおわかりいただけたと思います。それでは、カラスの能力をより深く知るために次に何を探ろうかと考えましょう。提示されたものの単純な違い、そしてカテゴリー的な物の見方ができるということはわかりました。今度は視覚だけの直接的な判断というよりも、比較とか有利な行動のために思考するなどの、カラスなりの思考力が引き出せないかと考えました。そこではじめたのが、数的あるいは量的思考があるのかを探る実験です。

古い和算に「カラス算」という掛け算の練習問題があります。それは「九百九十九羽のカラスが九百九十九ヶ所の浜で、それぞれ九百九十九回鳴いたら、最終的にカラスの鳴いた数はいくらですか?」という問題です。こんな和算の世界にもカラスが出てきますが、カラスがカラス算をできるか確かめたくなったのです。とは言っても、九百九十九羽のカラスを飼育するのは無理な話ですから、これまでどおり数羽のカラスを使い、次のような実験をしました。

まずは、模様を三個と四個印刷した蓋の組み合わせでトレーニングを行いました。三個模様がついている蓋の容器にエサを入れ、四個模様が付いた方は空とします。カラスが三個のシンボルのエサ箱を選ぶようになったら、組み合わせを二

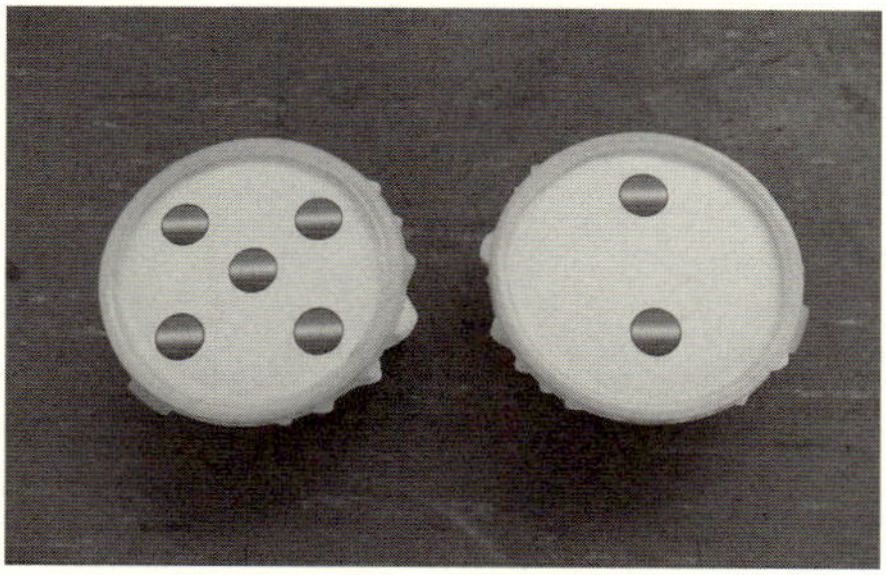

量の概念を調べる実験で用いた蓋の模様

個と五個、六個と八個というように変えていくのです。出された二つのエサ箱の蓋のシンボルを見て、少ない方にエサがあるということをカラスが認識している場合は、どのような数の組み合わせを提示されても少ない方を選択することになります。その結果、なんとカラスは数の比較ができたのです。例えば、四個と五個では四を、五個と七個であれば五を選ぶのです。すべての数について行うことはできていませんが、八対の組み合わせで行い、数の少ない方の選択を行うカラスは、やはり数量の概念が備わっていると考えることができました。

以前の実験ですが、色の異なる紙風船にそれぞれドッグフードを八個、六個、四個、二個、一個というように数を違えて入れて与えたことがあります。このときも、一週間もすれば一番ドッグフードの数の多い風船を最初に啄《ついば》み、次には二番目に多い風船を、というように数の多い方から選ぶことを確認できました。これと今回の結果を合わせると、どうやらカラスには数の概念があるということがわかります。

カラスの知的行動——記憶力編

ここまで、様々な識別能力に関する実験を紹介してきました。いずれもカラスは識別能力や学習能力が高く、その能力を用いて自然のなかでしたたかに逞《たくま》しく生を営んでいることがわかっていただけたと思います。

さて、第一章でも紹介したように、カラスは世界各地で賢い動物として位置付けられています。例えば北欧の伝承に出てくる神オーディンの脇には、知恵と記憶の象徴としてカラスが描かれています。カラスの貯食行動にもみられますが、エサを貯めておいた場所をきちんと記憶する能力があります。しかしながら、一度覚えたことをどれだけ長く記憶に留めておけるのかについては、時間がかかることもあり、ほとんど確かめられていないのが現状です。確かに、一年の記憶を見るとすれば、ある事柄を覚えさせてから一年はひたすらカラスを飼育し続けなければなりません。仮に途中で病気か何かで死んでしまったりしたら、また最初からやりなおしです。実験して一年後に確かめるはずのカラスが、十一ヶ月と十五日で死んでしまったことを想像すると、何とも心配になります。

このようにカラスの記憶能力を探る研究は時間と根気を求められます。したがって、研究者たちはカラスがいつまで覚えていられるかの点について長いこと疑問をもちながらも、実験に着手できないでいました。しかし、私たちの研究室で思い切って取りかかり、何とか終了しましたのでその結果を紹介しましょう。

カラスの記憶は何ヶ月もつか

まずカラスを四羽ずつ、一ヶ月記憶群、二ヶ月記憶群、三ヶ月記憶群、六カ月記憶群、八ヶ月記憶群、十ヶ月記憶群、十二ヶ月記憶群の七群に分けました。全部で二十八羽のカラスで実験を行うことになります。どれも病気で死なせたり、逃げられたりしないようにしなければなりません。さあ、これからがたいへんです。

まず、赤と緑、青と黄色の二種の色彩を持つ蓋を標識に用いて、赤と緑の蓋を選ぶとエサが得られることを学習させました。その後、カラスたちを求める各記憶の長さの月まで飼育し、それぞれの月日が経った時点で同じことを行わせました。覚えさせたらとにかく、必要な各記憶の長さの日数、ひたすら食べて運動して過ごしてもらいます。その結果、はじめの学習時に一日十回の試行のなかで九十パーセントの正解率を出すのに二〜三日を要したカラスたちは、指定された期間の後に同じ実験をしたところ、いずれの実験群も初日から百パーセントの正解を叩き出したのです。このことは、カラスが少なくとも一年は記憶を保てることを科学的に証明したことになります。彼らは、日常生活にはなんら関係なく、その間まったく接することもなかった人工的な器の色（厳密には蓋）を覚えていたのです。

講演などでこの実験を紹介するとき、聴講者に「正解の色を覚えておいてください」と言っても、一時間後に「エサの入っていた容器の蓋の色は何色でしたっけ？」と聞くと、答えられない方が結構います。なんともカラスがすごいのか、人間の集中力が散漫なのか。

巣づくりや貯食に見られる記憶力

自然界で生きるカラスは、例えば昨年巣をつくった条件の良い樹木や鉄塔を一年後も覚えているようで、同じ場所に何年も巣をつくるケースがみられます。私もあるフィールドで四年ほどカラスの子育てを観察しましたが、そこでは毎年同じ木の同じ枝の分岐に巣をつくるカラスの番《つがい》がいました。やはり、彼らはその木の場所と特徴、そしてその木が巣づくりに条件が良いことを記憶していて、巣をつくっているものと考えられました。また、カラスは貯食と言ってエサを隠し蓄《たくわ》える習性がありますが、これも記憶力なくしては成り立たない行動です。これらのことから、実験が語る以上にカラスは記憶にも優れた生き物と考えられます。

このような能力は科学的に短時間空間記憶実験として確認できます。例えばエサの入っている容器の場所を鳥に一定時間見せた後、鳥を別の場所に隔離《かくり》するとともに元のエサの容器の場所をわからないようにし、ある時間が経過した後、再び元の場所に鳥を戻し、いろんな容器のなかからエサ入りの容器を当てさせる実験があります。また、クラークカルミ割り（英名：Clark's nutcrackers）というカラスの仲間は、三万個のエサになる種を広い場所に隠し、六ヶ月後にそれらを回収していたことが報告されています。これらのことを考えれば、カラスにも相当の記憶力があることが考えられます。やはり、三歩あるけば忘れるニワトリとは、だいぶ評価が異なるのでしょう。

カラスの知的行動——学習編

カラスもカンニングをする

カラスはカンニングをするのでしょうか。カンニングというとイメージが良くないですが、模倣《もほう》学習、つまりほかのカラスが行っていることを真似て学習できるかということです。もちろん子ガラスが親から多くを学び、「一烏前《いちからすまえ》」のカラスになるのですから、見よう見まねで身に付けているものは多いはずです。しかし、それができていることを自然界で観察するのはなかなか難しいのです。一緒に行動しているから親の真似をしているのか、そもそも本来備わっている先天的な能力が成長に伴って自然に行動として現われてくるのか、決定的な証明ができません。そこで、私たちは、カラスがほかのカラスの行動を見て覚えるかを確かめる実験をしてみました。

黄色の紙蓋を破ればエサにありつけるが、青の紙蓋を破ってもエサにありつけないという条件を学習させます。実験の方法は、前述の顔写真識別実験と同じです。違うのは、実験を行う檻《おり》を網ネットで二つに分け、片方でトレーニングを受けるカラスの様子を、もう一方のカラスがネット越しに見ていることです。この実験の結果、はじめにトレーニングを受けるカラスは、正解の紙蓋を選べるようになるまでに二〜三日かかりました。しかし、ネット越しにトレーニングの様子を見ていたカラスは、初日から九十パーセントの正答率をたたき出しました。つまり、体験せずして正解を出せたのです。これは、隣の檻のカラスの行動を見て、学習していたと考えられます。このようにエサを取る、危険を避けるなどを親の仕草から学習するように、日常生活に関係のないゲームのような行為においても、カラスは見て学ぶことができる動物であることがわかりました。

学習の意外な弱点

これまでの実験で、カラスが優れた知能をもつ生き物であることがおわかりいただけたものと思います。しかし、これから彼らの弱点を垣間見る実験を紹介します。この実験では、前に紹介したように人間の顔写真を標識として、その顔写真をこれまで通りのカラーを基本として学習させ、カラスに同一人物のモノクロ、顔の輪郭だけがわかるように真っ黒に塗りつぶした写真でも学習できるかどうかを調べました。

実験方法は、先に紹介した人間の顔や男女の顔写真識別のものとほぼ同様です。つまり、正解である男性（実は私の顔写真）の紙蓋を破ればエサにありつけますが、不正解である女性の紙蓋を破っても中身は空っぽです。カラー印刷の紙蓋を使った実験には四羽のカラスを、塗りつぶし印刷の紙蓋とモノクロ印刷の紙蓋を使った実験にはそれぞれ三羽のカラスを用いました。その結果、カラー印刷した紙蓋を使った実験では、二羽は二日目で正解を選ぶことを学習しました。ほかの二羽では三〜四日かかりましたが、最終的には十回やって十回成功という結果を出しています。四羽の学習成立日の平均日数は二・七五日でした。一方で同じ顔をモノクロ印刷したものと、顔の輪郭だけがわかるように顔を真っ黒に塗りつぶした写真で同じ実験を行った場合、どちらも八日経ってもその違いを識別した行動は見られませんでした。このことからカラスにとって色彩はとても重要な情報であることがわかりました。逆に言えば、モノクロにすると視覚情報が攪乱《さくらん》する可能性があるとも言えます。

もう一つの弱点は、学習部屋の広さです。人間の場合、小学生くらいのときは、勉強部屋を与えるよりもリビングで学習した方が能率が上がるという話を聞いたことがあります。また、雑音があるとか狭いところに閉じ込められるとかのストレスを感じていると、注意力が散漫になり作業効率が下がると言われています。では、カラスの場合はどうなのでしょうか。そこで、学習実験を行う空間の広さがどのように影響するのかを、広さの異なる三つの環境のもと、これまで紹介してきたような識別実験を行ってみました。ケージの大きさは、大（三百×三百×三百センチメートル）、中（百五×六十七×七十三センチメートル）、小（六十×六十×四十五センチメートル）の三種類を用意しました。方法はこれまでの実験と同じく二者択一形式です。結果として、大で実験したカラスは平均三日で学習が成立したのに対し、中では四・五日、小では九日を要しました。つまり、狭いケージでは空間ストレスがかかっているのです。このことから、カラスの学習能力や作業効率には空間の確保が重要であることがわかりました。

このようなストレスと学習効果の研究は、哺乳類のネズミにおいて行われており、ストレスを加えると学習や記憶する力が低くなることが報告されています。いずれにしろ、この実験によりカラスの学習において環境は大事であることがわかりました。

カラスの実験はたかがカラスというよりは、カラスを鏡として考えさせられる面があります。人間においても学習環境が悪ければ、やはり能力発揮に至らないことが考えられます。ただ、人間にとっての学習環境は、空間や物質のみではありませんから、要素は複雑に絡みます。そこにカラスから学び、人間につなげる研究の奥深さがみえます。

カラスにも我慢という自制心

二〇一七年の『サイエンス』に、カラスにも自制心があることを明らかにした論文が掲載されました。スウェーデンの研究チームが明らかにしたものですが、実験内容は、まず箱に石を入れると大きなエサが出てくることをワタリガラスに覚えさせます。学習が成立したら、そのワタリガラスに石、箱から出てくるエサより小さなエサ、箱に入らない鉄パイプなどの道具を選ばせます。カラスがどれか一つを選んだら、十五分後にトレーニングで使った大きなエサが出てくる箱を示します。そうすると、大きなエサが入った箱を期待してか、カラスは目の前の小さなエサは選ばず、石を選ぶのだそうです。目先の利（小さなエサ）より先をみて、我慢して大きなエサが入った箱に使う石を選ぶ彼らの自制心には、見習うことが多くあります。

カラスの情報伝達―経験を伝える力―

学習能力、記憶力に優れたカラスですが、カラスはその知識や経験をどう共有している

カラス豆知識 4

のでしょうか？　この点を理解するために、アメリカの大学で興味深い実験が行われました。

まず、怖い形相のゴムマスクを被った人が、七羽のアメリカガラスを捕らえます。捕まえたカラスには標識のバンドを付け、恐怖心を与えた後に放ちます。その後、カラスに恐怖心を与えた怖い形相のゴムマスクを被った人と、普通の顔のゴムマスクをかぶった人が大学構内を歩き、カラスたちの反応を観察したのです。

すると、怖い形相のマスクを被った人が歩いたときには、カラスたちがいっせいに甲高く鳴き叫び、怒ったように羽ばたき、尾もはたくようにして危険を知らせ合うような反応を示したのに対し、普通のマスクの人が歩いたときには何の反応も示さなかったのです。

さらにこの研究チームは、大学のキャンパス周辺でも同じ実験を行いました。結果、時間が経つごとに「危険な顔」に反応して鳴き声を出すカラスは、減るどころか増えていきました。実験直後、怖い形相のマスクに反応する鳴き声を出したカラスは大学周辺のカラスの二十パーセント程度でしたが、五年後には驚くことに六十パーセントにまで達していたのです。

反応を見せたカラスの一部は、はじめに捕まえられたカラスの子供たちでした。彼らはヒナだったときに危機に対応する親の姿を間近で見て学習したのでしょう。しかし、鳴き声をあげたカラスになかには、カラスを実際に捕らえた場所から一～二キロメートルも離れたところに住み、直接「危険な顔」に何かをされたわけではないカラスもいました。これらのカラスは、群れの反応を通して脅威を学んだものと考えられます。

この研究グループは、カラスは三つの情報源からの情報を扱う能力があると結論付けています。第一には自らの直接体験、第二に親から子への「縦の情報伝達」、そして第三にほかのカラスとの間の「横の情報交換」です。本書でも模倣実験の結果からカラスに真似をする能力があることを紹介しましたが、どうやらカラスの情報共有は、想像を超えているようです。

カラスに社会脳仮説

社会脳とは、群れのなかでの順位付けや親和関係を理解し、自分の立ち位置やほかの個体との関わりを社会的に操作するような知性のことで、これまでは人間やサルなどの霊長類にのみ見出されていました。しかし、カラスもこの社会脳をもつことが最近の研究で明

カラス豆知識 4

らかになりました。この研究では、カラスが自分のグループはもちろんのこと、ほかのグループにおける序列関係やその序列が逆転したことなどを観察から理解できるというのです。

このような能力は、いわゆる第三者的観点であり、社会性をもつ動物においてはとても大切なものです。霊長類は、この社会関係の認知の必要性から大脳皮質の面積を広げるように脳が進化したという社会脳仮説がありますが、大きな脳をもつカラスにもこの社会脳仮説が当てはまることが明らかにされたのです。まさに、カラスを翼の生えた霊長類とでも比喩したくなる出来事です。

第五章

カラスの五感

鋭敏なカラスの感覚

カラスはとても器用な鳥です。木の枝、針金、動物の毛を使って、ヒナを育てるための巣を一生懸命つくります。適当な長さの小枝を見つけては外枠のフレームをつくり、必要に応じて小枝の長さを調節します。巣づくりの時期に大きな木の下を歩いていたら、「ポキッ、ポキッ」となにやら音がするので見上げると、カラスが小枝を折っている光景をしばしば目にします。クチバシを上手に捻《ねじ》ったりして、邪魔な脇枝を落としているのです。それを巣に運んでは、まるで図面でもあるかのように本木の小枝に上手に編ませ、器用に組み込んでいきます。一方で、哺乳類ならグルーミングとでも言いますか、羽繕《はづくろ》いの相手方の毛を優しく啄《ついば》んでいるときもあります。これらは器用なクチバシの成せる技ですが、枝のもぎ取りやすさや枯れ具合をどのようにして判断しているのでしょうか。

カラスなどの鳥は、農作物の食べごろを見計らって失敬しにきて、人間から疎まれます。ゴミ集積所でも、半透明の袋のなかを透かして見ることができるようで、生活生ゴミの汁でも見えようものなら果敢にゴミ袋にアタックしています。こうしてみると、カラスは頭脳だけでなく、五感（見る、聞く、味わう、嗅ぐ、感じる）も優れているに違いありません。そこで本章では、カラスの五感について考えていきましょう。

カラスの「見る」

鳥類の目は遠近両用レンズ

カラスに限らず鳥類の視覚はとても優れています。鳥の目の特徴の一つに、レンズ系の焦点調節機能が挙げられます。一般的な動物の眼球は、体表から角膜、水晶体（レンズ）、硝子体《しょうしたい》、網膜《もうまく》という順にできています。角膜から硝子帯までは透明で、光や画像を網膜に収束させる集光器とレンズの働きをします。哺乳類の遠近調節は、毛様体筋《もうようたいきん》という筋肉の伸縮により

網膜（もうまく）：眼球の奥にある光を感じる視細胞や光の情報を脳に送る細胞がある薄い膜。

レンズの厚みを調節することで行われますが、鳥類はレンズの厚みを変化させることに加え角膜を湾曲《わんきょく》させることができ、二重の遠近調節機構をもっているのです。

　鳥のレンズ系を調節する筋肉はブリュッケ筋とクランプトン筋という二種類で、これらの筋肉の付着のために、鳥には眼球にリング状の強膜骨《きょうまくこつ》という骨が備わっています。また、哺乳類のレンズの厚みを調節する毛様体筋が平滑筋であるのに対し、鳥類のそれは横紋筋であるため、意図的にレンズの厚みを調節することができます。こうした機能が、はるか遠方から獲物をピンポイントで捕えることを可能にしています。高い空から地上の小さなエサを見つけるときは望遠鏡のように使い、地上に降りて身近なものをよく見たいときには拡大鏡のようにレンズを調節するのでしょう。カラスとてこの点は例外ではなく、多くの鳥と同じように遠近両用のレンズが備わっていると考えて良いでしょう。ちなみに、クランプトン筋は角膜、ブリュッケ筋は水晶体の曲率を調整します。

平滑筋（へいかつきん）と横紋筋（おうもんきん）：平滑筋は消化管や血管の壁をつくる自分の意思では動かせない筋肉を言う。横紋筋は、腕や腿について意志で動かせる筋肉の多くを言い、骨格筋ともいう。顕微鏡で筋細胞をみると横紋筋は暗調部分と明調部分が交互の縞になって見える。

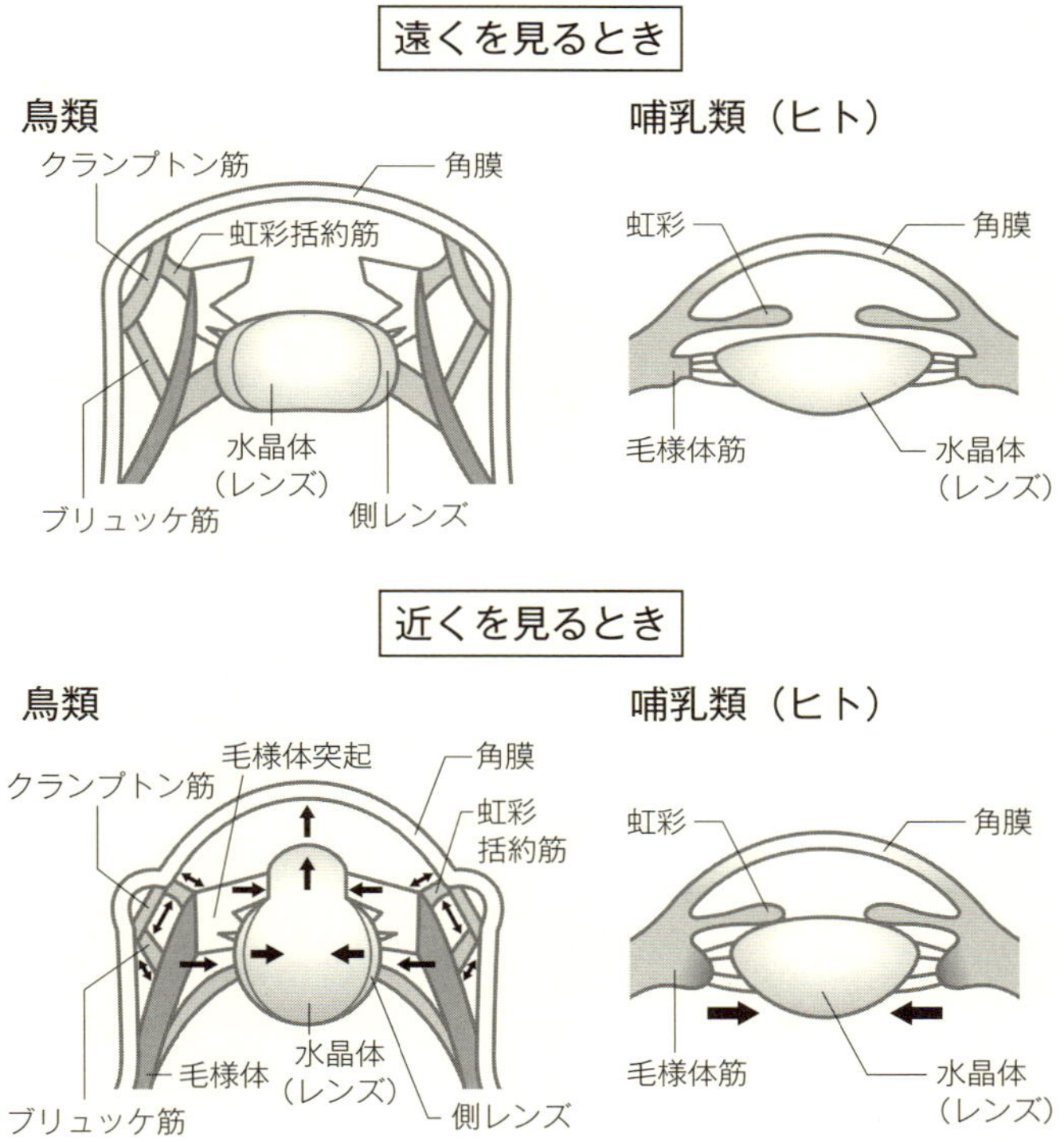

鳥の目の遠近調節。哺乳類は水晶体（レンズ）の厚さを毛様体筋で調節しているが、鳥ではこれに加えて角膜を湾曲させる二重の遠近調節機能をもっている
（「鳥の感覚器官」我孫子市鳥の博物館　資料改変）

優れた色覚

カラスの色覚は四原色

鳥類は色覚も優れています。色覚は光の波長の違いを識別する感覚ですが、光の波長の違いをどれだけ識別できるのかは、網膜の視細胞にある視物質の種類の多さで決まります。人間は三原色の視物質をもち、赤、緑、青の三色を感知する三色型色覚ですが、鳥ではさらに紫外線領域に感度の高い視物質をもち、赤、緑、青、紫外線を感知する四色型色覚を有します。

私も少し前に、角膜、水晶体、硝子体の透過率をカラスと哺乳類で比べてみたことがありますが、哺乳類では水晶体で紫外線が遮断されていたのに対し、カラスでは紫外線は遮断されることなく網膜まで達していました。やはりカラスは紫外線を感知す

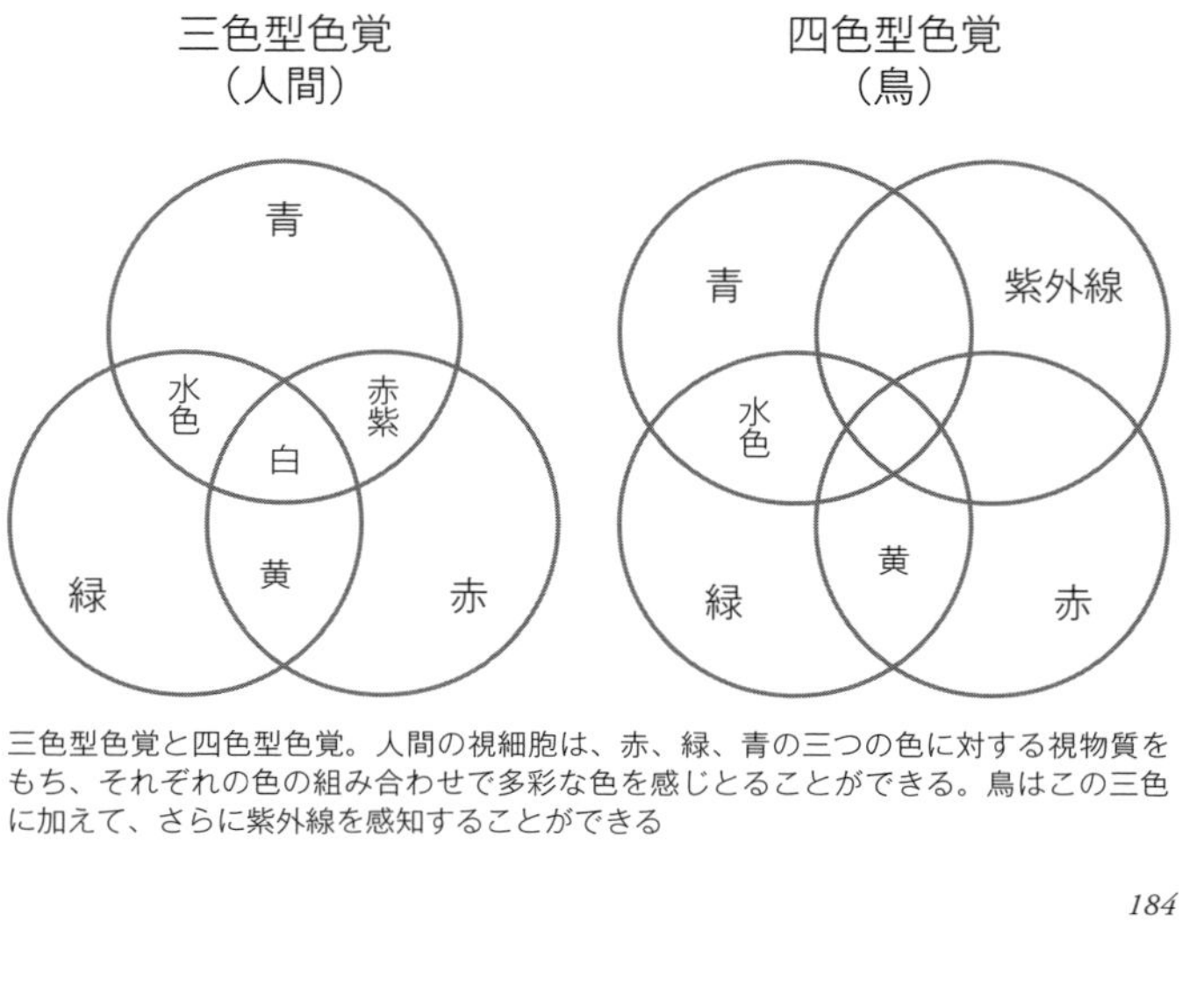

三色型色覚と四色型色覚。人間の視細胞は、赤、緑、青の三つの色に対する視物質をもち、それぞれの色の組み合わせで多彩な色を感じとることができる。鳥はこの三色に加えて、さらに紫外線を感知することができる

る目をもっているのです。

また、私の共同研究者である宇都宮大学の飯郷雅之教授（生物有機化学）らが、視物質遺伝子群のクローニングにより、カラスの色を感受する視物質は四種類存在することを明らかにしています。このため、単純に考えると、人間の場合は三×二×一の数だけ色の組み合わせができますが、カラスは四×三×二×一の組み合わせができるので、人間に七色に見える虹は、カラスではより色彩豊かに見えていることが想像できます。

クローニング：同じ遺伝子をもった生物集団（クローン）を作成することから転じた用語で、分子生物学においては、ある特定の遺伝子を増やす、つまり遺伝子を単離し増やすことを意味する。検出が難しい遺伝子を増幅させて調べる際の技術でもある。

視細胞の構造

色の認識は、波長の異なる光を受けたそれぞれの視細胞から、各光波長の情報が神経回路を通って脳へ送られ、その情報をもとに脳で色が構成されます。この神経回路は別の回路と連携するので、実際のところ最初に受け取った光情報がどれだけ組み合わされて画像ができているのか、想像がつきません。さらに網膜で処理された視覚情報は脳に到達して初めて画像として認識されるので、その過程の一コマを取り出して考えても仕組みを説明できないくらい視覚の生理は複雑なのです。

さて、カラスの網膜には、さらに色覚の精度を高める機能が備わっています。視物質が存在する外節に光が届く前に、フィルターの役割を担う油《ゆ》球《きゅう》があります。これは五ミクロンくらいの小さな球で、不必要な光の波長をカットしてくれます。油球は解剖時、まだ細胞が生きているレベルで新鮮な網膜をプレパラートに広げれば、顕微鏡の十倍、二十倍観察で十分確認することができます。顕微鏡で網膜を観察すると、赤、黄、緑、青、橙、透明の小さな球が、網膜の中心部では密に、周辺部は粗に散らばって見えます。なんとも美しい世界です。

油球の色や数、種類は鳥の種類によって異なります。例えば、カラスは赤、青、黄、透明の球が同じ割合で見えますが、カモでは黄色の油球が多くなります。このことは、各種の鳥がどのような色について光をよく感じているのかという推定にもつながります。

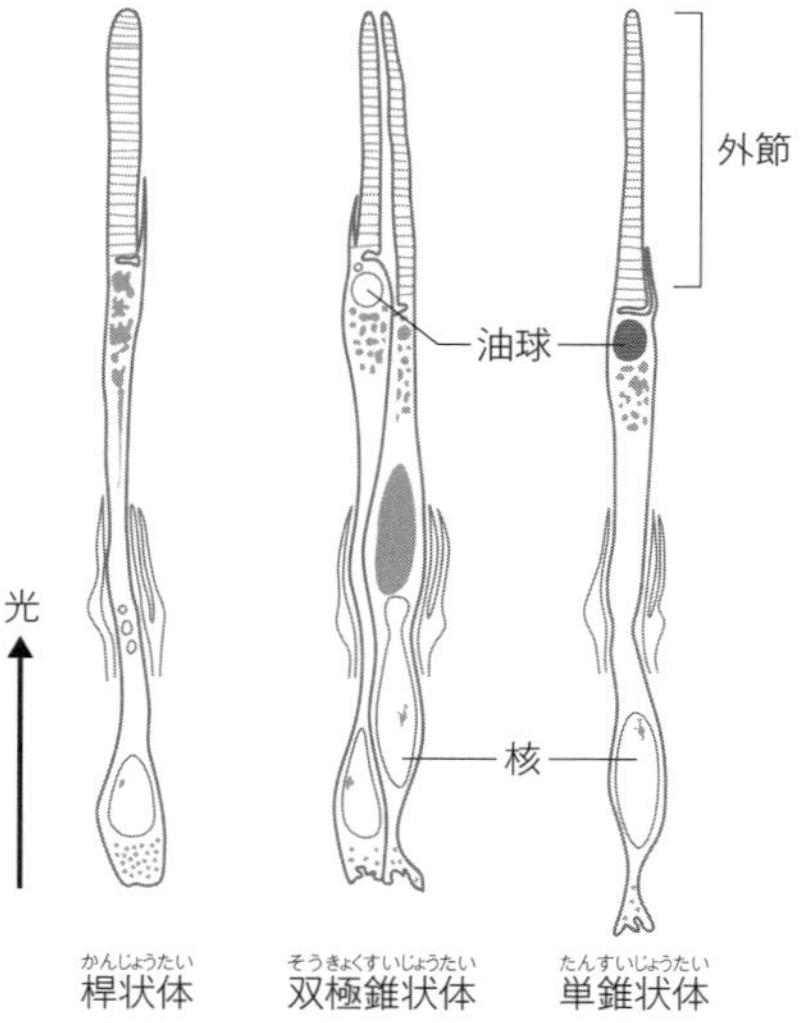

視細胞の種類と油球。錐状体には異なった色の油球があり、この種類によって特定の波長をカットしたり、強くする
（『鳥の感覚器官』我孫子市鳥の博物館　資料改変）

網膜から脳へ

　カラスには優れた色覚があるということから、それを感じ取る視細胞から話をしましたが、網膜にはほかにも水平細胞、介在性双極細胞《そうきょくさいぼう》、アマクリン細胞、神経節細胞など、色々な細胞があります。各視細胞からの情報をさらに組み合わせる働きをもつのが水平細胞で、介在性双極細胞はその水平細胞から情報をもらい、それをいくつか合わせて網膜から脳へ視覚情報を送る神経節細胞にバトンタッチします。そしてアマクリン細胞は、このバトンタッチが円滑にできるように調整する働きを担っています。

　神経節細胞は網膜と脳をつなぐ重要な細胞で、これが多いほど網膜から脳への視覚情報量も多いと考えられます。私もカラスの網膜にはどれだけ神経節細胞があるのかが気になって網膜の分布密度を調べてみたのですが、カラスの網膜には、三百五十万個もの神経節

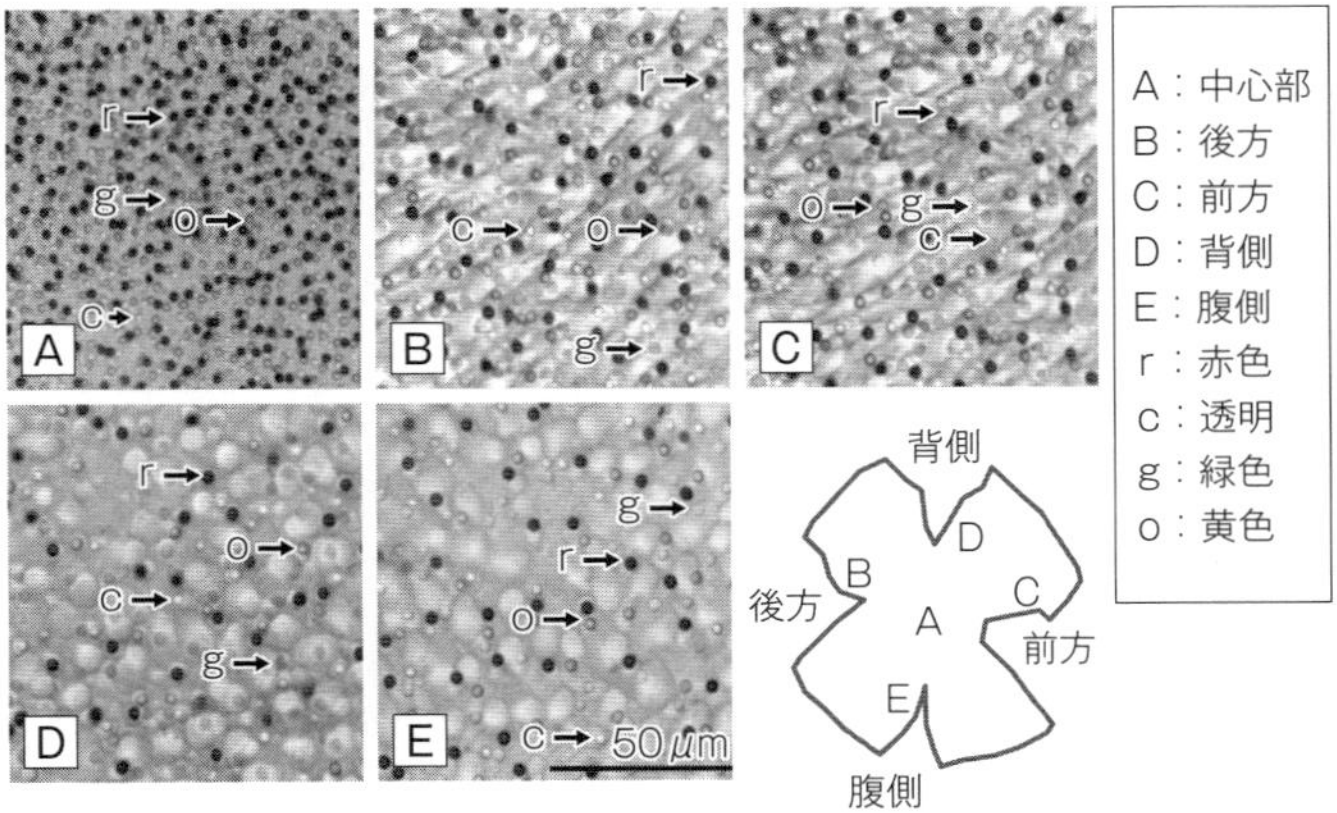

カラスの網膜における油球の分布。場所によって分布が異なる

細胞があることがわかりました。人間は百万個ほどですので、やはりカラスは人間よりも目が良いと考えられます。

また、カラスの網膜を観察したところ、神経節細胞が特に高密度で存在する場所が二つあることがわかりました。一つは中心窩《ちゅうしんか》という目の中心部位で、もう一つは側頭中心窩という目の後方の部位でした。これらの領域には一平方ミリメートルあたり約二万個の神経節細胞があったのです。神経節細胞の密度は、網膜の周辺に向かって徐々に低くなり、網膜の辺縁では一平方ミリメートルあたり二千個まで低下します。

神経節細胞の密度が均等ではないことはカラスに限ったことではなく、眼球をもつ動物のほとんどに通じることで、網膜の中心が物を見るときに最も精度が高い位置になります。だから動物は、物をよく見たいときに対象を正面にとらえるのです。カラスは眼球が

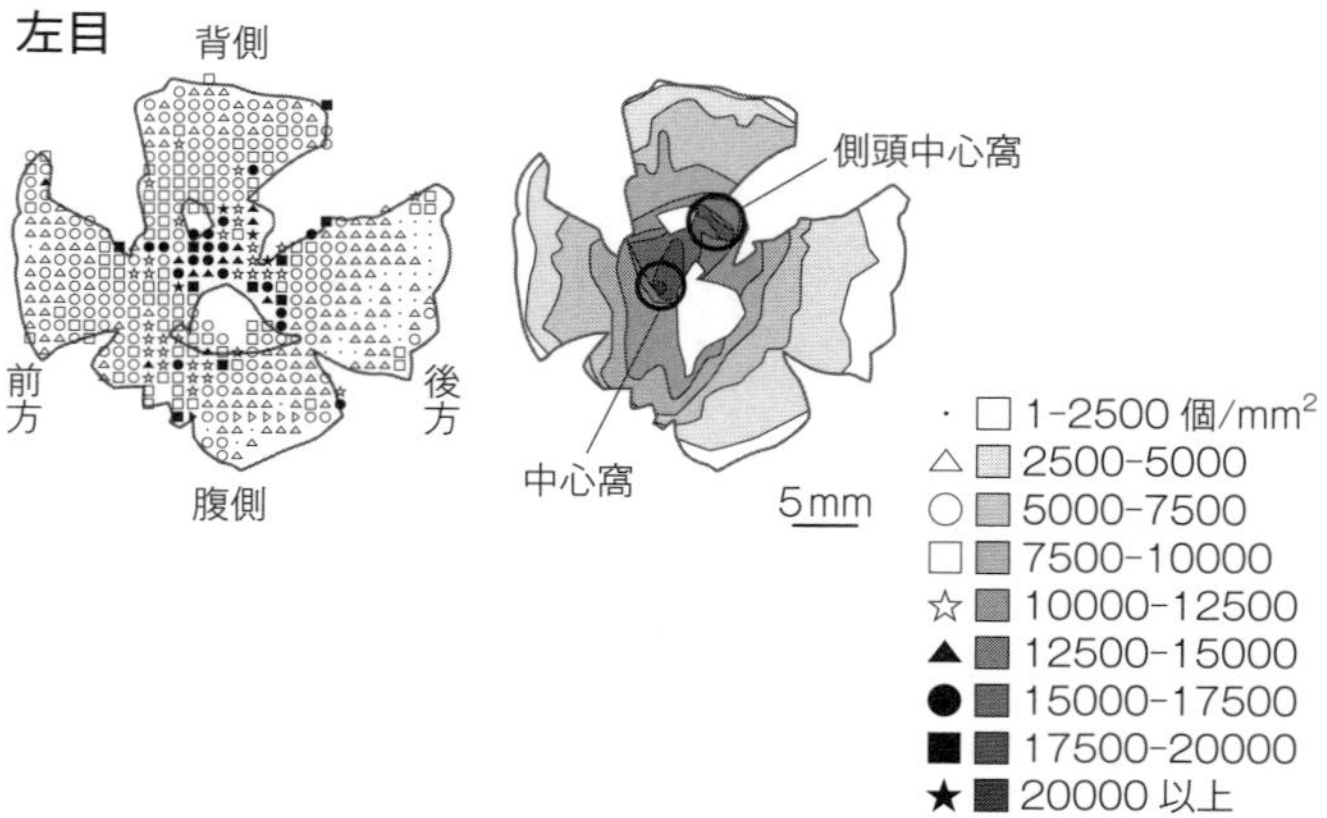

カラスの網膜神経節細胞の密度分布。目の中心部と後方上部（○）の2ヶ所に、密度の高い領域が認められる

横についているので、前方を見るときにはやや後方の網膜でとらえます。やや後方に神経節細胞が高密度な部分が存在するのは、そのためでしょう。

カラスの好きな色・嫌いな色

カラスに嫌いな色はない

ここまでで少なくともカラスの網膜には四種の視物質と四種の油球があることがわかりました。つまり、カラスもほかの鳥と同様に鮮やかな色覚をもっていると考えられます。では、カラスには好きな色、嫌いな色はあるのでしょうか。もしカラスの嫌いな色がわかれば、ゴミ置き場に嫌いな色の置物やネットを置くことでカラスを遠ざけることができるかもしれません。

このような発想は多くの方がもつようで、私のところにも、ある大手の塗料製作会社から研究依頼が舞い込みました。そこで、大学の屋上に一メートル四方に赤、黄、緑などでペイントしたパネルをランダムに並べてみました。その上にカラスの好物であるドッグフードを置いて、どの色のパネルのエサを食べに来ないかを調べました。

残念ながら、この実験の結果においては、カラスには特別好きな色も嫌いな色もなさそうでした。

どの色が目にとまりやすいのか

前述の実験とは別に、好きとか嫌いとかではなく、どんな色がカラスの目にとまりやすいかという視点でも実験をしたことがあります。

実験では、光波長で四百十ナノメートル（紫）、四百七十二ナノメートル（青）、五百五ナノメートル（緑）、五百八十九ナノメートル（黄色）、六百一ナノメートル（オレンジ）、六百三十ナノメートル（赤）の発光ダイオードを用いて、カラスがどの波長を敏感に感じとることができるかを検証しました。

検証方法は、人間の視力と比べることにしました。例えば、四百七十二ナノメートル（青）の光波長の場合、まず人間にカラスが実験する場所と同じ部屋に入ってもらい、カラスと同じ装置を用いて発光ダイオードの出力を下げ、人間が見えなくなる光のエネルギー量（放射照度）を求めま

光波長（ひかりはちょう）：私たち人間が見ている太陽光のなかで、視覚的に感受できる可視光は四百〜七百ナノメートルである。四百ナノメートルは限りなく紫に近く、七百ナノメートルは赤に近い（光波長が長いと赤、短いと紫に見える）。

放射照度（ほうしゃしょうど）：物体へ時間あたりに照射される、面積あたりの放射エネルギー。

す。同じく、カラスにも、その光が見えなくなる光のエネルギー量を求めます。こうして光の種類ごとに人間と比べました。

その結果、カラスは紫、青、赤の光波長の順に敏感に感じとることがわかりました。言い換えますと、カラスは短い波長がお得意のようで、四百十ナノメートルの波長であれば、私たち人間がギリギリ光を感じられる明るさの十四分の一にしても、カラスには光がついていることがわかるようです。実際、赤や青は人間が確認できなくなった光の出力のさらに半分にしてもカラスは感じることができました。なお、短い波長である紫外線を見る力があることは前述の通りです。

カラスの学習能率を上げる色

環境の光で学習能率が上がったら嬉しいですよね。実は、前述したどの色がカラスの目にとまりやすいかの実験を進めたところ、さらにおもしろい事実がわかってきました。学習実験は第四章で紹介したものと同様に、正解を選べばエサにありつけるといった方式で行いました。

先の実験で、どうやらカラスには紫、青、次いで赤が目にとまりやすい色であることがわかりました。そこで、正解を紫にした場合、青にした場合、赤にした場合、青と赤の中間調である緑色と黄色にした場合、どんな結果が得られるのか検証してみたのです。正解の色の光が見えるエサ箱をつつくとエサがもらえ、はずれると何もないという方法で、二者択一で一日十回試行させ、九回連続で正解を選ぶようになったら学習成立としました。

この実験にも発光ダイオードを使いました。その結果、紫外線と青色光では学習が成立するまで約四日、赤色光では約六日、中間調である緑色と黄色光では約九日かかりました。カラスにとって目にとまりやすい光のもとで学習の実験をすれば、その成立は早いということが予想される結果となりました。

カラスの目の良さを試してみる

最近の食品サンプルは、本物と遜色《そんしょく》ないほどよくできていて、私が見てもどちらが本物かわからないときもあります。しかしカラスはこの違いを簡単に見分けてしまうようです。カラスに食品サンプルのハムと本物のハムを同時に提示したところ、百パーセントに近い確率で先に本物を選びました。このとき、カラスは一メートルほど離れた地点から迷いなく本物に向かって飛んできていますので、嗅覚ではなく視覚により判断していると考えられました。では、カラスは視覚情報のなかで何を基準に食品サンプルと本物を見分けているのでしょうか。

これを調べるために、食品サンプルと本物のハムの、光の波長の反射率を測定しました。結果、食品サンプルの方がより多くの紫外線を反射していることがわかりました。そこで、紫外線が何らかの判断基準になっている可能性があると考え、食品サンプルと本物のハムを、それぞれ紫外線カットフィルムで覆《おお》い、カラスに同時に提示してみました。すると、カラスが本物を選択する確率が低くなったのです。このことから、カラスはハムから反射する紫外線で、偽物と本物を見分けていると見当づけられました。

視覚に注目したカラス対策

これまでの実験から、カラスが物を見るうえで紫外線が重要な要素であることがわかってきました。私は、この点を使って何かカラスを困らせることができないかと考えました。色は、視覚情報に使う要素、つまり光三原色である赤、緑、青のうちどれか一つでも欠けると構成できません。ですので、これらを受け取る視細胞に欠陥があったりすると色盲になります。カラスは赤、緑、青、紫外線の四原色色覚をもっているので、このうちどれか一つだけでもカットできれば、さしものカラスも色を識別できなくなると考えました。その証拠というわけではないですが、先の食品サンプルの実験でも、紫外線をカットすると本物と食品サンプルを区別できないことが確認できています。

私はこれをカラスのゴミ漁り対策に応用できないかと考えました。カラスのゴミ漁りは都市生活の大きな問題になっています。カラスに中身が見えないゴミ袋の開発は、この問題の解決につながるのではと考えたのです。現にゴミ袋が黒かった時代はカラスのゴミ漁りはそれほど深刻でなかったようです。半透明の袋を使うようになってから、カラスがゴミ袋を突き荒らすようになったようです。[注] そこで、紫外線を透過させないゴミ袋を企業と共同開発することにしました。紫外線をカットしてしまえば、カラスには袋の中身の色が構成できず、何が入っているのかわからなくなります。この考えでつくった紫外線をカットするゴミ袋と通常のゴミ袋にカラスのエサを入れ、カラスの様子を観察してみました。その結果、紫外線をカットしたゴミ袋では中身が見えていないつつき方をしていました。

　このような実験結果から、紫外線遮断の素材を使ったゴミ袋を某フィルムメーカーと製品化しました。カラスには中身が見えませんが、ゴミ収集の作業員さんには今まで通りただの半透明の袋なので、作業にも問題なく、魔法のゴミ袋として評判になりました。大分県の臼杵市《うすきし》には早々に取り入れていただき、「カラスがゴミ荒らしにこない」とフィールドでも効果が実証され、たいへん嬉しく思いました。ただ、単価が高く、思うほどは普及しないまま現在に至っています。さらには、紫外線吸収のため、ある顔料をゴミ袋の素材であるビニールに充填したのですが、その顔料が黄色を示すため、黄色であれば何でもカラスが寄ってこないと勘違いされた

注：ゴミ袋が黒から半透明になった理由は、黒いゴミ袋だとなかに危険な鋭利なものなどが入っていてもわからず、清掃作業員が手に怪我をする危険があること、見えないのを良いことに分別もせずに何でも入れてしまう人がいるなどの問題があったためです。カラスのゴミ漁り問題の根底には、人間のゴミ出しのモラルの低さがあることを忘れてはいけません。

り、黄色のニセゴミ袋が出回ったりで、正直たいへんな思いもしました。今でもカラスは黄色が嫌いだと思っている方もいるようですが、前述の色覚でも紹介したように、カラスに嫌な色はありません。あくまでも紫外線遮断効果がないと効果はないことを、この場でお伝えしておきます。

カラスの「聞く」

カラスの耳はどこにある

鳥の鳴き声には、なわばりの主張や求愛など色々な意味があるのだと思います。鳥にもボーカルコミュニケーションがあるということです。その様々の意味をもった鳴き声を聞き分けるには、やはり聴覚が必要でしょう。さて、カラスの耳はどこにあるのでしょうか。ゴミ集積所に群がっているカラスを見てください。耳が見えますか？　哺乳類には、耳介と呼ばれる明らかな耳があります。しかしカラスはもちろん鳥類には耳介がありません。おそらく飛翔の邪魔になるのでしょう。とはいえ、鳴き声を聞いて危険を察知していることに間違いはないので、耳介はなくとも何かしら耳らしき構造はあるはずです。本来ならばこのあたり……という付近を探すと、クチバシの付け根から後方に向かって、扇状に広がる羽毛が見えます（第三章参照）。これを耳毛と呼びますが、耳毛をめくれば直径六ミリメートルほどの外耳孔《がいじこう》（耳の穴）が確認できます。

カラスの鼓膜

外耳孔を奥に進むと、つきあたりに鼓膜《こまく》があります。鼓膜にはどんな働きがあるかというと、どの動物でも同じですが、外耳から入る空気の振動を受け、太鼓の張皮《はりかわ》のように振動し、中耳《ちゅうじ》そして内耳《ないじ》に振動を伝えます。鼓膜が薄ければ小さな振動にも反動できますし、また面積が大きければ低い音域も聴き取ることができます。カラスの鼓膜はほかの鳥よりも薄く、大きくできていますので、カラスはほかの鳥よりも小さな音にも敏感で、また可聴域《かちょういき》が広いと考えられます。

知られているカラスの可聴域は、アメリカガラスのもので三百~八千ヘルツで、最も感度の高い範囲は千~二千ヘルツだという報告があります。アメリカガラスは小型のカラスで、日本のハシボソガラスに似ていますので、ハシボソガラスの可聴域はアメリカガラスに近いと考えられます。一方、ハシブトガラスはそのハシボソガラスよりも体が大きく、鳴き声の幅も声紋《せいもん》でみるかぎり一万ヘルツを超えています。お互いの声を聴くという意味で、可聴域もそれくらいないとコミュニケーションが取れません。

外耳の音の波を受け取って振動するのが鼓膜ですが、その振動を内耳に伝えるのが、哺乳類なら耳小骨《じしょうこつ》(ツチ骨、キヌタ骨、アブミ骨)です。ツチ骨が鼓膜の振動で揺れ、それをキヌタ骨、アブミ骨と連鎖させて音の振動を内耳に運びます。しかしカラスにはこの三つの骨はありません。中耳にある耳小柱《じしょうちゅう》という細い一本の骨が、鼓膜の裏から出て糸電話のように内耳につながっています。哺乳類のように三つの骨がポンポンポンと連鎖して音を伝えるよりは、少し効率は悪いのかもしれません。

可聴域(かちょういき):鼓膜を振動させることができる音の周波数。人間の可聴域は二十~二万ヘルツなので、人間の方が聞ける音に幅がある。つまり、人間は可聴域においてはカラスに勝っているのである。

耳小骨(じしょうこつ):鼓膜の振動を伝播する鼓膜の奥にある小さな三つの骨。ツチ・キヌタ・アブミの三種ある。人間の骨のなかで最も小さいと言われている。

カラスの聞き分け能力と模倣

ハシブトガラスには、人間や動物の声真似をするという目撃情報が多くあります。私も、下手な犬の鳴き真似をしているカラスに出会ったことがあります。頭上から「グワオアーン、グワオアーン」「ワオン」と変な音がしたので見上げたら、真っ黒なカラスが一生懸命、頭を上下に振りながら吠えて（？）いるではありませんか。

このことが何を意味するかと言うと、カラスには色々な音を聞き分ける聴力があるということです。また、カラス同士でも四十種以上の鳴き方があり、文献によっては七十種以上あるとも言われています。このような事実からも、カラスは音に関しても、なかなかの優れた感覚を持ち合わせていると考えられます。

このことをもう少し詰めるために、カラスにいくつか音楽を聞かせて、その旋律の違い、楽器の違い、演奏者の違いを聞き分けられるかを確認したことがあります。さすがに異なる演奏者が同じ楽器で同じ旋律を演奏した場合には区別がつきませんでしたが、曲の違いと楽器の違いまでは区別することができました。この結果からも、可聴域を超える分はともかくとして、カラスの聞き分け能力はそれなりにあると考えて良いと思います。

カラスの「味わう」

カラスの味覚

カラスは季節によって好んで食べる物が変わりますが、好物があるということは、味か匂いを感じているということです。前述のようにカラスは目が良いので、目で楽しむ食生活をしている可能性も十分考えられますが、同じ色合いでも赤系のリンゴやニンジンよりも刺身や肉の方を好んで食べているので、味がわかっているとしか考えられません。

哺乳類では舌の表面に味蕾《みらい》という味の受容器（センサー）があります。カラスの味蕾の分布を調べた結果、舌にしかないと思われがちな味蕾が、

味蕾（みらい）：味の感覚器。半径数十マイクロメートルの球体のなかに複数の細胞が見られる。ニワトリの舌にも味蕾は三百個あると言われている。

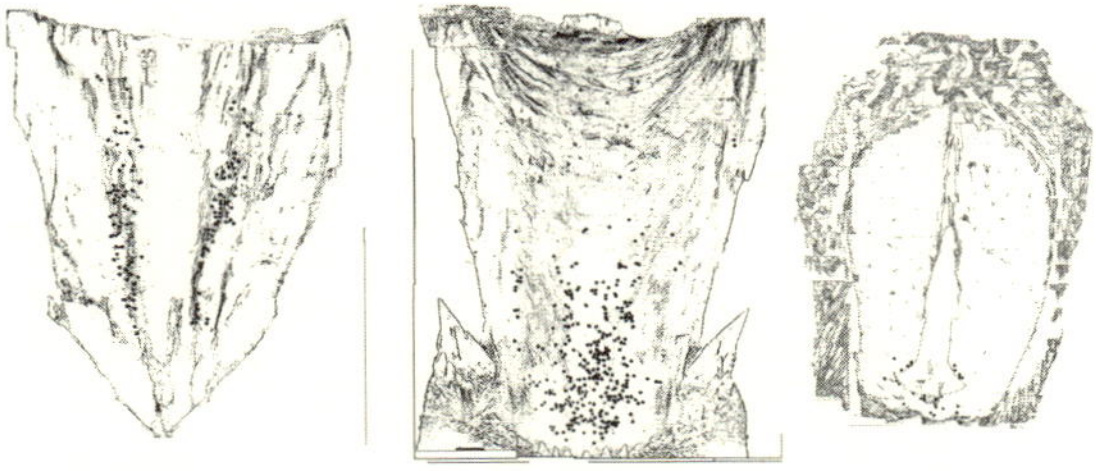

口腔底部　舌基底部　喉頭部

●が味蕾　5 mm

味蕾の分布

口蓋《こうがい》、舌の下の口腔底などに広く分布していることがわかりました。もちろん、舌である舌基底部《ぜっきていぶ》に多く分布していました。全体で、五百八十個ほどの味蕾があることがわかりましたが、そのなかでいわゆる舌という部位の味蕾は半数です。人間には味蕾が約九千個ありますので、それに比べたら少ないですが、マガモの三百七十五個、アヒルの百五十個に比べたら多い方です。美食家かどうかはさておき、味蕾がほどほどにあることから、味もある程度わかると考えて良いでしょう。

味覚に注目したカラス対策

カラスの嫌いな味がわかれば、それを使ったカラス対策ができると考え、味覚の試験をしてみたことがあります。味の基本として塩味、辛味（辛味は味というよりは痛覚として受けます）、甘味、苦味、酸味で調べることにしました。それぞれの味を出す物質は、塩味は塩化ナトリウム、辛味はカプサイシン、甘味はシュクロース、苦味はキニーネ、酸味は酢酸を用いました。普段食べているドッグフードに、何やらとんでもない味付けがされているのですから、カラスもたまったものではありません。

結果ですが、苦味と酸味で味付けされたエサで九割ほど摂取量が減りました。次いで、辛味で五割減、塩味ではカラスごとの変動が大きく、摂食量が減るとは言い切れませんでした。甘味については味付けをしなかったものと差がなく、好きでも嫌いでもないというか、甘味自体をあまり感じていないのではないかと考えられました。これらの結果から、比較すれば好まない味があることはわかったのですが、まったく食べない、口にしてもすぐ吐き出すほどの積極的な反応は残念ながらみられませんでした。どれも少しは食べるので、味覚に訴えて完璧にカラスを忌避《きひ》することは難しいと考えられます。「美味しくないということを覚えさせることはできる」程度に考えるのが現実的でしょう。

カラスの「嗅ぐ」

カラスは臭いには鈍感

味の次は臭いです。カラスの嫌う臭いがわかれば、それをカラス対策に役立てることができます。しかし、そもそもカラスはどれくらい鼻が利くのでしょうか。カラスは腐ったものが入っているゴミ袋も食い散らかしますし、埋め立て地のゴミも漁ったりします。人間ならとても寄り付かないような悪臭のする場所が平気であることは、日頃の観察で十分にわかります。このことから私は、カラスはあまり臭いに敏感ではないと考えています。

不思議なことに、動物はすべて鼻が良いと考えている方が多いため、カラスがゴミ袋から美味しい肉を選べるのは、優れた嗅覚によるものと信じている方が非常に多いのです。私の研究室にもカラス対策の製品開発をしている企業の方が、臭気による忌避物質の開発を考えたので試してもらいたいと、実に様々なものを持ち込んできます。一応、臭いによるカラス対策の効果はあまり期待できないことを説明するのですが、「すでに試作品ができているので、なんとか試してもらえないか」という方がほとんどです。持ち込まれた試作品のなかには、あまりの異臭に実験にかかわった学生が気持ち悪くなったり、周辺の他の研究室から実験場所の立ち退きを求められたこともあります。そんな悲惨な苦労をしたにもかかわらず、実験の結果は寂しいものでした。

また、取材にいらした方々も「臭い実験がしたい」「賞味期限が過ぎた食べ物とそうでないものがわかるカラスの映像が欲しい」など、無理難題を持ち込みます。そんなことができたら麻薬犬ならず麻薬ガラスとして、憎まれ者の汚名返上間違いなしです。しかし、事実としてカラスの鼻はまったく利かないのです。こんなわけで、臭いの実験はあまり行いたくないのですが、私もむげに断わりきれず、気が重いもののダメもとでお引き受けしています。ただ、鼻が利かないと言っても、刺激臭だけはほかの臭いと異なり痛覚刺激になるので、もしかしたら効果が期待できるものもあるかもしれません。はたしてそれが人間に我慢できるレベルなのかはわかりませんが。

では、どのくらい鼻が利くのか

そもそもカラスの鼻はどこにあるのでしょうか。カラスの顔を観察しても（なかなかアップで見られる人もいないと思いますが）、一見するだけではカラスの鼻がどこにあるのかわかりません。カラスの鼻の穴はクチバシの付け根付近にあり、ブラシのような鼻毛で覆《おお》われています。直径は七ミリメートルほど。何のために鼻の穴が毛で覆われているかは明らかではありませんが、おそらく、飛ぶときに前方から必要以上の空気が入り込まないようにとか、鼻の穴に雨が入らないようにとか、そういった理由が考えられます。

動物が外部環境を認識する方法にはいくつかありますが、やはり視覚や嗅覚に頼っている場合が多いです。しかし、前述したように、私はカラスの嗅覚の能力にはいささか疑問をもっています。その理由はカラスの脳を解剖すると、臭い情報を受け取る中枢である嗅球《きゅうきゅう》が痕跡《こんせき》程度しか見られないこと、またそこに入る嗅神経《きゅうしんけい》の太さがハトやニワトリに比べて三分の一くらいしかないことがあります。一般的に鳥類の嗅覚は哺乳類に比べて発達していませんが、カラスは鳥のなかでもことさら嗅覚が鈍いようです。

カラスの嗅覚実験

カラスの嗅覚がいかに鈍いかを確かめるために、私の研究室でカラスの嗅覚実験を行ってみました。本物の牛生肉と、牛生肉を擦《す》り付けて臭い付けをした模擬牛肉を並べて、カラスがどちらを選ぶかを観察してみました。するとカラスは迷いもなしに本物の牛肉を選びました。これは嗅覚ではなく視覚で判断している証拠の一つです。

別の実験では、好物のドッグフードの入った皿と入っていない皿に、見た目で判断できないよう無地の白色の蓋をし、臭いが外に漏れるよう蓋に小さな穴をいくつも開けておきました。さらに、なかのドッグフードをお湯に浸し、臭いが強く出るように細工をしました。人間の私ですら臭いだけでどの皿にドッグフードが入っているのかわかるレベルです。このような条件で試験を行ったのですが、正解率は五十パーセントと、カラスにはどの皿にドッグフードが入っているのか、まったくわからなかったようです。この実験から見ても、カラスの嗅覚は鈍感であることがわかります。

カラスの「感じる」

カラス、特にハシブトガラスは約七センチメートルの長いクチバシをもっています。クチバシは上の方が下より先に長く、鋭い先端を形づくっています。このクチバシを見て、「カラスは怖い」「あのクチバシで襲《おそ》ってくるのでは」と思わず引いてしまう人もいるかもしれません。

ところがこのクチバシ、凶器どころか毛繕《けづくろ》い（グルーミング）をしたり、巣づくりの際の編み物を器用にしたり、ヒナにエサをやる哺乳瓶やスプーンがわりになったりと、とても繊細な作業を担う我々の手のようなものなのです。私も二羽のカラスが電線で仲よくくっついて止まり、グルーミングしている姿や、巣づくりの時期には巣の素材にする枝を器用にポキポキ音を立てながらもぎ取っている姿を見かけています。もっとすごいのは、どこからこれほど集めてきたのかとたまげてしまう数のハンガーを上手に折り曲げ、それぞれを巣の形に組み込んでいることです。まさに、職人技です。このような細かい作業をするには、感覚が優れていなければなりません。

そこで、万能の動きをするクチバシの感覚について調べることにしました。と言いましても私の研究室は解剖学を主としています。何か刺激を加えてそれに反応する神経の電気変化をみるような、リアルタイムの実験を組むのは難しいのです。やはりここは解剖学の強みを生かして、「切って観る」という手法で迫ることにしました。

クチバシの解剖

まず、ハシブトガラスのあの大きなクチバシにどんな神経があるのか当たりを付けなければなりません。この一見先の見えないクチバシの解剖については、研究室の学生である林美紗さんが興味津々のようでしたので、クチバシの神経網《しんけいもう》の解明は彼女を中心にしてプロジェクトを立ち上げました。

クチバシの解剖なんて私の研究室でも初めてです。無理だとわかってはいるのですが、とりあえずメスの刃を当てて、硬すぎてメスではラチがあかないことを実感することからはじめました。刃物がだめなら壊してみようと、骨鉗子《こつかんし》で「メリ、メリ」とクチバシの側面に穴をあけ、そこから慎重に広げていきます。そのうちに、神経らしきものが見えてきました。はじめに見えるのは三叉神経《さんさしんけい》の上眼神経枝《じょうがんしんけいし》と呼ばれるものです。太さが一〜二ミリメートルあるので、肉眼でも確認できます。この肉眼でも見える幹から、幾筋にも細い神経がクチバシの表面に向かって分かれている様子が見えました。感覚器はこの先にあるのです。

解剖学的に感覚器を確認するのはミクロの世界になります。そもそも、あんな硬いクチバシに我々の指先や唇のような優しさと柔らかさに包まれた感覚器があるのだろうかと不安になりますが、未知のことはやってみなければわかりません。まずは感覚器の有無を確認するために、解剖あるのみです。

感覚器というのは、体の隅々の末端で「触る」「痛い」「熱い」などを感じる仕組みを持った組織で、感覚ごとにつくりも呼び名も違います。痛みなどの感覚を感じるのは、神経の先が木の枝のように分かれ、くまなく広がるようにできている自由終末です。一方、触る、触られたという感覚はファーテルパチニ小体《しょうたい》とかルフィニ小体という感覚器が関与しています。これらは数十ミクロンの大きさで、肉眼では見ることはできませんので、硬いクチバシの感覚器を観察するためには、クチバシを数十ミクロンの厚さにする必要があります。健康に関するいいかげんな本に

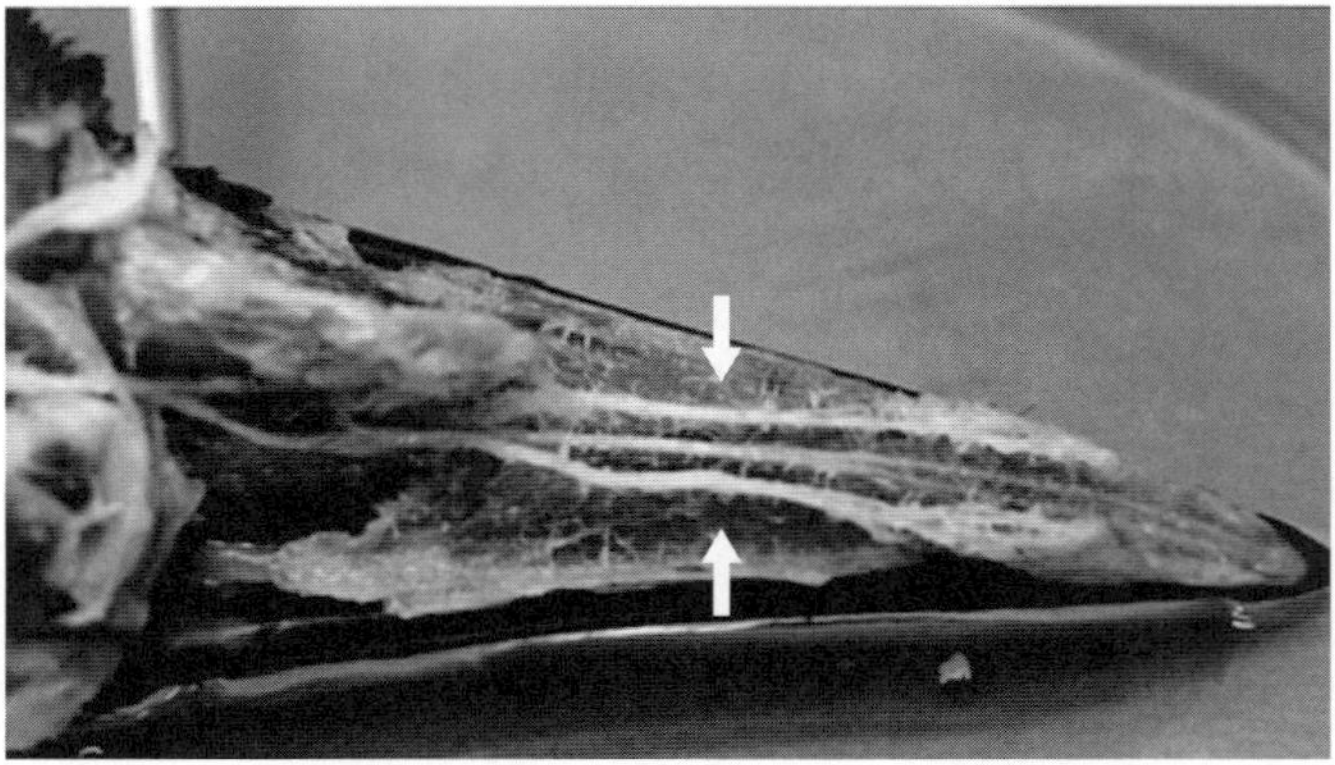

カラスの上クチバシの神経。クチバシの背面を取り除き、中を走る神経を剖出（矢印）

は、「酢は骨を柔らかくするので、体の柔軟さを保つには酢を飲むと良い」なんて書いてありますが、その効果と真意はともかく、動物試料を骨ごと切る必要がある場合は、脱灰《だっかい》と言ってギ酸とか酢酸などの酢に骨ごと漬けて、骨のなかのカルシウムを抜き出し、柔らかくすることはあります。これはあくまで死んだ動物の骨からカルシウムを取り出す作業なので問題はないですが、生きた人間の骨からカルシウムが抜けていったらたいへんです（酢を飲むくらいでそんなこと起きないと思いますが）。

そのような心配はさておき、クチバシを脱灰処理して、先端から付け根まで丹念に調べました。そうしたら、クチバシの真皮の部分にいくつもの組織が見られました。特にクチバシの先端部にその数は多く、中央付近は少なく、そして付け根では再び多くなっていました。このことから、解剖学的に見てもカラスのクチバシはデリケートな感覚をもっている可能性が高いことがわかりました。林さんはこの発見に気をよくし、ほかの機械受容器と思われる組織も発見し、カラスのクチバシを檜舞台に立たせるべく奮闘しています。

こうして見ると、カラスのクチバシは無骨な外観には似付かず、五徳ナイフのように多機能性を発揮する繊細な器官なのだということがわかり、非常に感心しました。考えてみれば道具を自作して使うなど、カラスは高い知能が注目されますが、頭で考えたことを実行するには、知能だけでなく、すぐれた道具とそれを制御する感覚が必要です。カラスの知能の発現に、クチバシありですね。

カラス豆知識 5

「鳥」という文字は「鳥」よりもなぜ一画少ないのか

「烏《からす》」という字はどうしてこの形なのでしょうか。「鳥《とり》」から一画抜けて「烏」。この抜けた一画は、象形文字では鳥の目を意味するもので、これが抜かれて「烏」という文字になったようです。カラスはとても目が良い動物なので、私としては「目」が抜かれたことに納得がいきませんが、これははるか昔に決まったことなので文句がつけられません。ですので、自分なりにカラスが目を抜かれた意味を考えてみました。

ニワトリやフクロウの目を思い浮かべてみてください。人間と同じように黒目と白目（黄色かったりオレンジだったりしますけど）が分かれていますよね。このように、多くの鳥は瞳孔と虹彩の色が異なるので、黒目と白目がくっきりと分かれているのです。ところがカラスの場合、瞳孔も虹彩も真っ黒です。さらに体も真っ黒なので、遠くから見ると目がどこにあるのかわかりません。象形文字で「鳥」から目を抜かれ「烏」になったのは、こうした理由があったのではと想像しています。

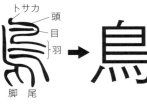

工具に向いたクチバシ

最近、カレドニアガラスのクチバシが、一般的なカラスには見られない道具の使用に適した特殊な形態に進化していることが、慶応大学を中心とした研究グループによって明らかにされました。その研究によると、カレドニアガラスのクチバシは顔の正面に向かってまっすぐに伸び、かつ上下の噛み合わせが平面になっているというのです。そして、カレドニアガラスは、このクチバシのおかげで道具を顔の正面に向け安定して強く握ることができ、クチバシと道具を一体化させることで、道具の使用・操作ができるということです。

ちなみに、ハシブトガラスもハシボソガラスも上クチバシが下クチバシよりも少し長いばかりでなく、やや下方に向いてカーブしています。カレドニアガラスに比べたら噛み合わせがややよろしくないのでしょう。ところで、道具を使うカラスといえばカレドニアガラスでしたが、最近ハワイガラスも同じように道具を使うことが発見されました。どうやらクチバシのかたちがカレドニアガラスと似ているようです。

第六章

カラスの鳴き声

カラスなぜ啼《な》くの

「カラス　なぜ啼《な》くの　カラスは山に　かわいい七つの　子があるからよ」という野口雨情《うじょう》作詞の有名な童謡があります。カラスは春に子供（ヒナ）を産んで秋には独立させますが、子供のいない秋でも冬でも鳴く様子が見られているため、かならずしもこの歌のように子供のためだけに鳴いているわけではありません。また江戸にはカラスが多かったようで、かの高杉晋作が遊女に贈ったとも言われる都々逸《どどいつ》「三千世界の鴉《からす》を殺しぬしと朝寝がしてみたい」からは、カラスが朝からカァカァ鳴いてうるさがられていた様子が伺えます。

カラスは飛んでいるときでも、仲間とねぐらに入る直前でも、みんなでそろって「カァ〜カァ〜」鳴きます。カラスの鳴き声は別段珍しいものではなく、ときには騒音みたいな位置付けで、常に人間の近くにありました。現に、カラスが群れをつくって人々を困らせるケースとして、糞害と騒音が挙げられます。特に都会ではハシブトガラスの鳴き声をよく耳にします。

ハシブトガラスは豊富な種類の鳴き声をもち、研究者によっては七十五種類以上の鳴き声があるという人もいます。そして、カラスが鳴くときの仕草と声を合わせて考えると、それぞれの鳴き声には意味があるようにも思えます。さきほどの歌に戻りますが、「かわいい　かわいいと　啼くんだよ」とあり、雨情もカラスの鳴き声には何らかの意味があるように感じていたのでしょう。

ほかにも、カラスは鳴き声で会話をしているように聞こえるという声も多く聞きます。私なんかはカラスたちが会話していると思うと、日頃見かける野鳥にも思わず声をかけたくなります。もちろんカラスが鳴くのには目的があります。愛をささやく求愛の声、エサをねだるヒナの鳴き声、敵を追い払う威嚇《いかく》の声など、様々あると言われています。しかし、カラスの鳴き声それぞれの具体的な意味はほとんどわかっていないのが現状です。私たちも、カラスの言葉が知りたくて鳴き声の研究を色々してきました。さて、実際にカラスは会話をしているのでしょうか。本章では、そんなカラスの鳴き声について考えてみましょう。

カラス語習得への道

世界のカラス語は無限

世界には、ネイティブスピーカーの多い順に中国語、英語、ヒンディー語、スペイン語、アラビア語などがあり、少数民族の独自の言語などを加えれば、地球上には六千五百種くらいの言語があると言われています。それでは、世界のカラスにも母国語はあるのでしょうか。カラス属に含まれるカラスは約四十六種とされています。カラスの鳴き声はカラスの種によって異なります。また、カラスは鳴き声が豊富な鳥ですから、聞き方やそのときのカラスの状況でもだいぶ意味が違ってきそうです。そのように考えるとカラス語はいく通りもあるようにも思いますが、それでは収拾がつかないので、まずは世界各地でカラスの鳴き声がどのように表現されているかを見ていくことにしましょう。

日本ではカラスの鳴き声は一般的に「カァ〜カァ〜」と表現されること

が多いですね。英語圏ではこれが「caw《コー》」で、連続で鳴けば「caw caw《コー コー》 caw《コー》」となるのでしょう。ロシア語では「кар-кар《カー カー》」、オランダ語では「ka ka《カア カア》」です。これらは日本のハシブトガラスと同じ響きですが、アメリカ、ロシア、オランダにはハシブトガラスはいないはずです。しかしロシアならワタリガラスがいても不思議ではありませんので、もしかしたらワタリガラスの鳴き声の一部を表現したのかもしれません。一方、タイ語では「gaa gaa《ガー ガー》」、トルコ語では「gaaak gaak《ガァーク ガァク》」と、日本のハシボソガラスのような濁りの入った音として表現されています。エジプトやトルコにはズキンガラスというハシボソガラスと似た系統のカラスがいますので、鳴き声が濁って聞こえるのも納得がいきます。さらにそれぞれが、怒り、喜び、求愛など、いろいろな意味をもっているので、すべてを表現しようと思うと、カラスの鳴き声の表現は無限にあります。

アメリカ・ワイオミング州の研究チームは、ワタリガラスを用いて声のカテゴリーを三十種以上に分類しています。そのなかには、「ヒナのカー」「幼鳥のカー」「敵対的なカー」というように、同じ「カー」でも成長やおかれている環境によって意味が異なるとされています。こんな状況ですから、世界カラス語学会でも設立し、カラス研究者が集い各国のカラスの鳴き声について議論しない限り、各国の言語で表現されたカラス語をコレクションすることは不可能に感じます。

さらに言えば、鳴き真似をするカラスがいるということが、いっそうカラス語の研究を難しくしています。これまでも「おはようガラス」と言って、人の言葉を真似るように鳴くカラスがいることが報告されています。また、私も犬の鳴き声のように鳴くカラスに出会ったことがあります。こうなるとカラス本来の言葉が何であるのかも疑問になりますが、研究を続けなければ限界はみえません。まずは、鳴き声をつくるハードの部分から話を進めてみましょう。

カラスがsong bird？

本論に入る前に、鳴き声について確認しておく必要があります。そもそも鳥の鳴き声は「さえずり」と「地鳴き」の二種類に分けられます。「さえずり」は繁殖期のオスの鳴き声を示す場合が多く、長く複雑な旋律をもちます。春の訪れを心地よく報《しら》せてくれるウグイスの鳴き声や、空から忙しく聞こえるヒバリのさえずりがその典型です。一方、地鳴きは季節に関係なくオスメスともに出す鳴き声で、普段のコミュニケーションに使われます。このような鳴き声の違いから、鳥類はさえずる鳴禽類《めいきんるい》と、さえずらない非鳴禽類に分けられます。

さて、鳴き声がうるさいと言われるカラスは鳴禽類なのでしょうか、それとも非鳴筋類なのでしょうか。イメージからは後者と考える方が多いと思いますが、カラスはなんと英語で「song bird」と言われる鳴禽類に入るのです。しかし「さえずり」と言えるような鳴き声自体は特定されておらず、実態はわかっていないのが正直なところです。この理由には、カラスの鳴き声が豊富すぎて、どれが「さえずり」なのかがわからないことにあります。

カラスの鳴き声は海外でも注目されており、多くの研究が報告されています。特にワタリガラスは豊富な鳴き声をもち、それぞれに意味があることが知られています。また、日本でよく見られるハシブトガラスは、英語ではジャングルクロウ（Jungle crow）と呼ばれる森林性の鳥です。森林性のカラスが都市部に多いのはなんだか不思議な感じがしますが、都会の高層ビル群がカラスにとっては大きな森林のように見えていると考えれば、彼らが都会を好むのもさほど疑問ではありません。ビルの合間を右から左と木々をすり抜けて飛ぶカラスを見れば納得します。いずれにしろ、東京の高層ビル群や森林のなかでは、遠くの仲間や番《つがい》の相手の姿を見ることができない場合も多いわけです。そのため、「音」、つまり鳴き声を、自分の場所を知らせたり、逆に相手の位置を判断したりするコミュニケーションツールに使っているのでしょう。

色々な鳴き声の意味

ハシブトガラスの鳴き声は、多くの場合「カァ～カァ～」と表現されます。ですから、多くの人はこの種のカラスは「カァ～」としか鳴かないものと思っています。たしかに木などに止まって平和に鳴くときは、そのように鳴いていています（私には「アヮヮァ～アヮヮァ～」とか「ア～ア～」にも聞こえますが）。ハシブトガラスは、都市部でよくゴミ置き場に現れ、生ゴミを漁り、人間を困らせています。実に様々な鳴き声をもち、例えば気持ちよく鳴くときには澄んだ声で「カァ〜カァ〜」と繰り返し、怒ったときは「ギィャーギィャー」とか「グワッグワッ」と騒ぎます。さらに、怒りの程度でその強さが異なります。繁殖期、ヒナを危険から守るようなときに相手を威嚇《いかく》する鳴き声は、その極みです。一方、求愛のときは「クワ〜ンクワ〜ン」と少し語尾が低くなるような甘ったるい鳴き方をします。そうかと思えば、これは私の経験ですが、一緒に飼育していたカラスが死んでしまったときなんかは、それを運び出す際に「グルル……」と押し殺したような鳴き声を発するのを何度か聞いています。ほかにも、木のてっぺんに止まるときに、そこに向かって飛んできながら目前でぐっとスピードを落とす際、「クワヮヮヮ」と鳴きます。これはスピードを抑えるときの掛け声なのでしょうか。とにかく行動の種類だけ鳴き声もあると言いたいくらい、ハシブトガラスは豊富な鳴き声をもっているのです。

これらの鳴き声の違いは、繰り返しの間隔や声を出す強さでも調節されています。例えばのどかに仲間と飛んでいるときの鳴き声では、一回の鳴き時間は〇・八秒、次に鳴くまでの間隔は〇・二秒、それを三〜七回繰り返しています。一方、ヒナがエサをねだるときは「グヮワワ」みたいな鳴き方で、一回の鳴き時間は〇・二秒と短くなります。私たちの研究室では約四十一種類のハシブトガラスの異なる鳴き声を記録しています。おそらく、もっと多くあると思いますが、バリエーションが豊富すぎて収録しきれないというのが正直なところです。

ハシボソ vs ハシブト

カラスは種類によっても鳴き声が違います。ここまでは、ハシブトガラスの鳴き声を中心にお話ししましたが、ここからはハシボソガラスの鳴き声についても紹介しましょう。ハシボソガラスは、「ガァ〜ガァ〜」とか「グァ〜グァ〜」のように、濁音が入ったダミ声でしか鳴けません。電線などに止まって鳴くときは、「ガァ〜」と鳴きながら頚《くび》を下げます。「ガァ〜ガァ」と二回鳴くなら頚を二回下げ、「ガァ〜ガァ〜ガァ〜」と三回鳴くときは三回下げます。このような独特な姿勢から、ハシボソガラスは一見、無理に声を絞り出しているように見えますが、実はそんなに無理しているわけではないと思っています。詳しくは後で説明しますが、ハシボソガラスの声がダミ声なのは、ハシブトガラスと鳴管《めいかん》を調整する筋肉のつくりが異なるからであって、この独特な姿勢は空気の流れを調節するために必要な動作なのです。

ハシボソガラスの鳴き声のバリエーションはほかにもあり、以前ハシボソガラスの巣を観察した際、巣の上空の一定範囲内にトビや番《つがい》以外のカラスが入り込むと、「ガラッガラッガッ」と短く喉を鳴らすような感じのやや乾いた濁音を発し、領空侵犯者に向かっていくのを何度も見ています。巣にいるヒナやメスもその声に反応していますから、警戒の意味をもつ鳴き声だったのでしょう。このようにハシボソガラスも状況に応じて鳴き方が変わりますが、ハシブトガラスよりはバリエーションが少ないように思います。

カラスのボーカルコミュニケーション

「カラスはお互いに鳴き声で会話をしていますか?」とよく聞かれま

す。カラスは私たち人間のような言語はもっていませんが、鳴く回数やその間合いの取り方で、それぞれの鳴き声に異なる意味をもつことはわかっています。また、科学的にも、鳴き声でエサがあることを伝えるということが証明されています。これらの点から考えれば、鳴き声を使ったボーカルコミュニケーションを仲間と交わしている可能性は高いと考えられます。ただし、人間のように新しい言葉を次々に生み出して会話しているわけではなく、本来、自然のなかで生きるのに必要な「警戒」「なわばり」「求愛」「エサねだり」「安心」など、状態を示す範囲の単純な言葉があるといった程度でしょう。

海外では、アメリカガラスが二十数個以上の独立した発声法をもち、「集まれのコール」「叱りつけるコール」「分散せよとのコール」「威嚇を報《し》せるコール」「警戒コール」など意味付けがされているとした研究も報告されています。私からしてみれば鳴き声の意味付けは非常に難しいのですが、論文を読めばよく観察したうえでの結果であることがわかりました。例えば「警戒コール」では、どれか一羽のカラスがこれを発すると、ほかのカラスも羽ばたきをやめ、滑空しながら警戒すべき原因を確かめる行動に入るようです。この連鎖の動きから、警戒コールという意味付けを行っているようでした。また、四章末の「カラス豆知識4」にも記載しましたが、カラスは高い情報伝達能力をもつこともわかっています。

ただ、カラスの鳴き声の意味を理解し、カラス語を理解するためには、ひたすらカラスの声と姿を求めてやまない生活を続けなければなりません。道のりは長く険しいですが、カラスの鳴き声には彼らの生活の状態について想像力を膨《ふく》らませ、興味の尽きないおもしろさがあります。しかし残念なことに、鳴き声が聞こえても姿や様子を確認できず何をしているのかわからないことが多く、これが声の研究をますます難しくしているのです。

鳴き声の可視化

さて、カラスの鳴き声を研究すると言っても「カァ〜」が何回繰り返されたとか、この「カァ〜」はさっきのより強い調子だとかでは、人によって感じ方も異なり、共通の情報を伝えることができません。またハシブトガラスは非常に多彩な鳴き方をするので、人間の耳では識別に限界があります。そこで、私たちはカラスの声紋《せいもん》分析をはじめることにしました。

声紋分析とは、声がつくる空気の振動の周波数成分を分析して視覚化するもので、犯罪捜査などに使われることもあります。声紋分析では、声のなかにどの周波数の音がどれくらい含まれているかを、縞模様で表します。つまり、カラスの「カァ～」という鳴き声を、空気の振動の強さを測って縞模様で示すのです。鳴き声は、鳴き方に応じていろいろな斑紋《はんもん》をつくります。これまでの解析で、ハシブトガラスの鳴き声は百～一万ヘルツの範囲にあり、特に千～二千ヘルツでの音圧が高いことがわかりました。

こうしてカラスの鳴き声を声紋分析すれば、いつかはカラス語がわかるのではないかと、私たちは熱心に研究しました。当研究室の卒業生である塚原直樹君（現在は宇都宮大学バイオサイエンス教育研究センターの特任助教）はこの研究の中心人物で、学生時代、集音器を肩にかけては方々に出かけ、ハシブトガラスの声を収録していました。カラスの内緒話なども集められるものと期待していたのですが、研究の途中である壁にぶつかりました。考えれば当たり前のことですが、内緒話をするカラスは表に出て堂々とは語りません（鳴きません）。声はすれども姿が見えずですから、鳴き声の意義付けが難しいのです。そのようなわけで、声紋を収録できた四十一種類のうち、仕草が見えて意義付けできたものは「求愛」「エサねだり」「ねぐら入り」「ねぐら出発」「威嚇」など、わずか十二種類でした。やはり、並大抵の努力ではカラス語を理解することはできないのでしょう。

さて、塚原君が得た求愛コールは二パターンありました。一つは、一羽のカラスの優しい、右肩さがりの「クァ〜ン」に対し、相手が「クァァ〜ン」という具合で反応するもの。もう一つは一羽の「クァァ〜ン」に対して複数のカラスが反応するものです（一羽をめぐってもめごとにならなければ良いのですが……）。声紋でみる縞模様では、目の細かいやわらかそうな斑紋がいくつもみえました。一鳴きに要する時間は〇・三八秒です。オスとメスでどちらが先に求愛コールを発するかについては、最初に鳴き声をあげた方が声紋の縞模

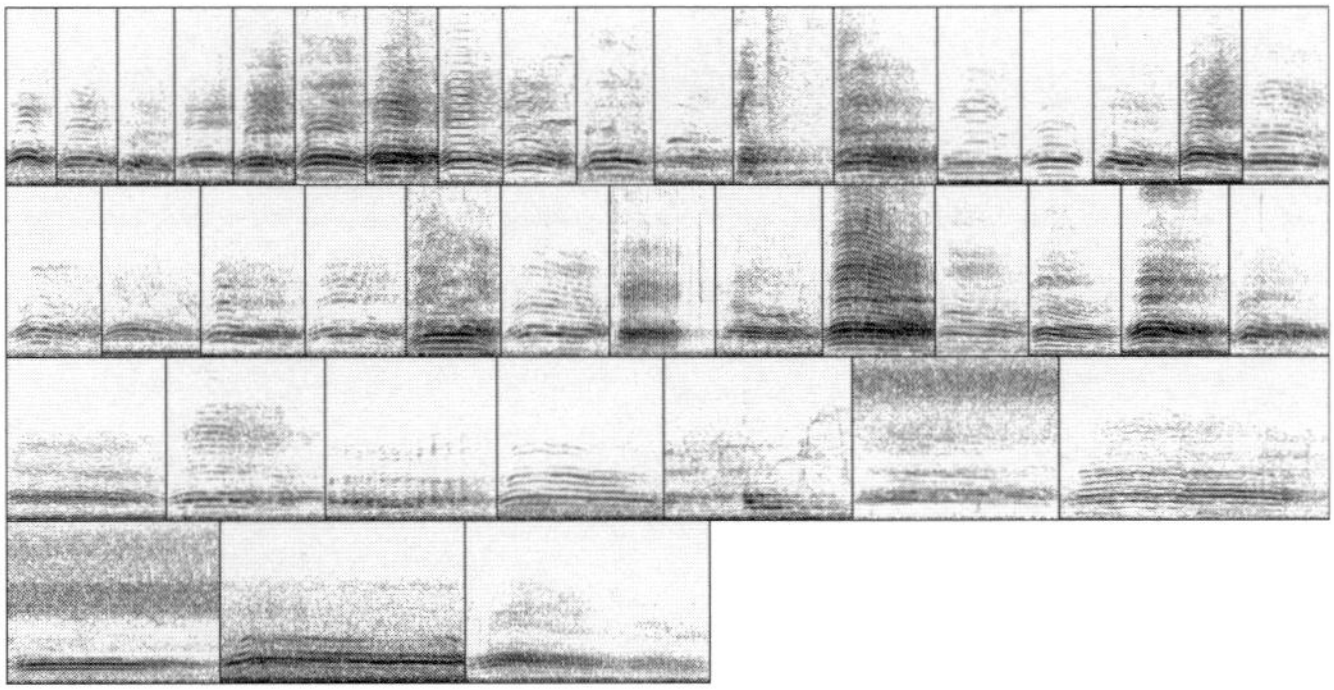

塚原君が集めたハシブトガラスの声紋。41種もの音声信号を確認した

求愛コール

パターン1

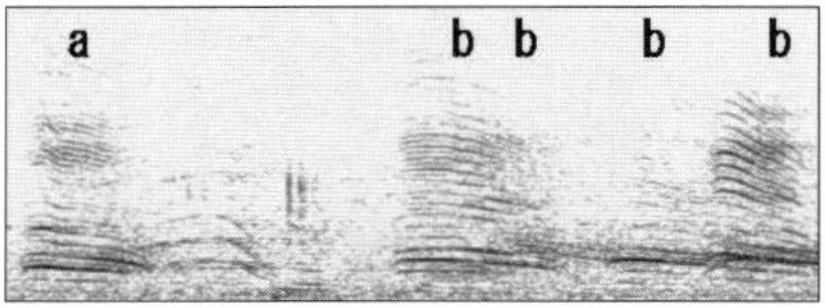

ある個体が声aを発し、それに数羽の個体が同様の音質の鳴き声bで返す

パターン2

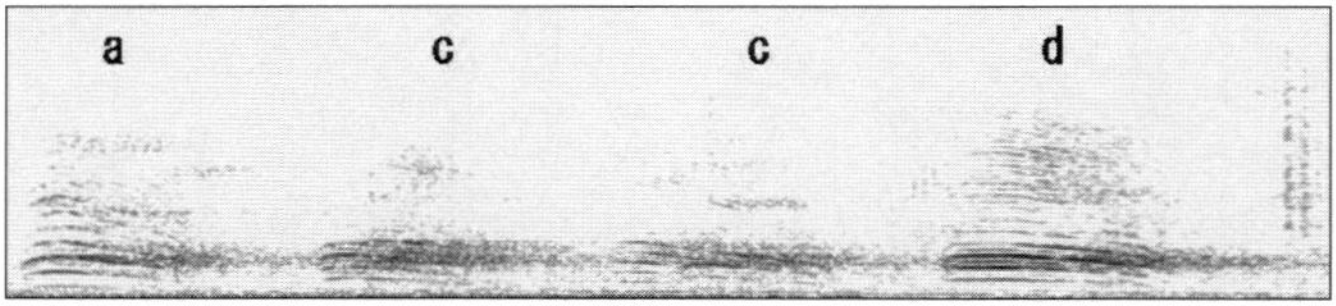

ある個体が声aを発し、それに数羽の個体が異なる音質の鳴き声c、dでバラバラに返す

エサねだりコール

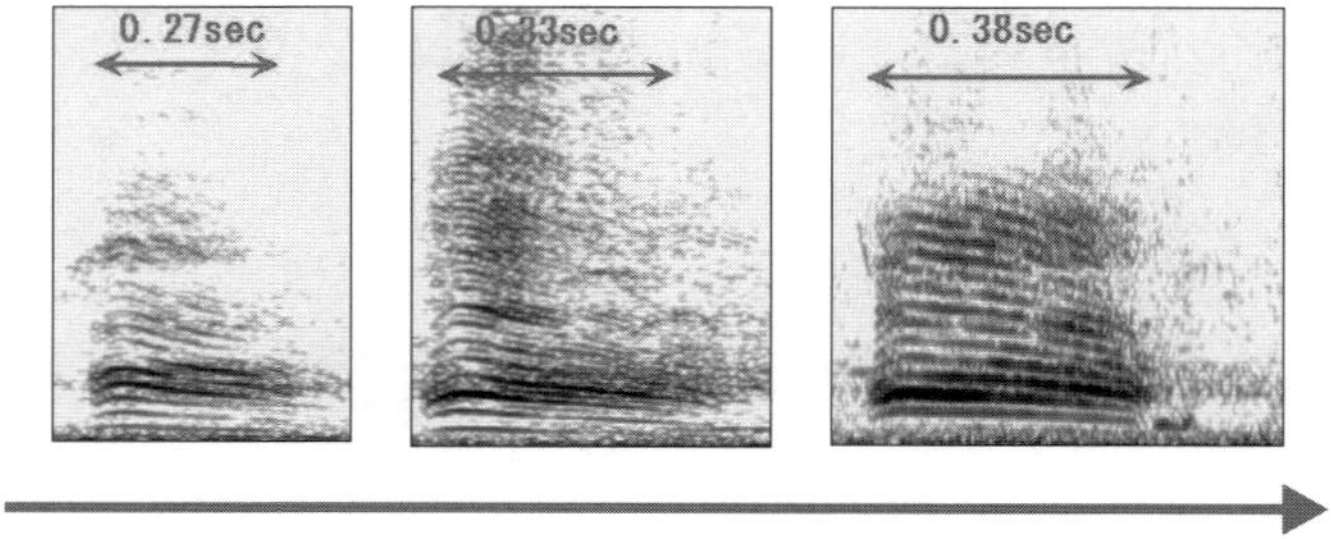

矢印は警戒心の薄れを示す、人に対する警戒心が薄れるとともに、ひとつの鳴き声の時間が長くなる

様が低音域にあり、後から鳴いた方の声の縞模様が高音域にあったことから（後述）、オスの方から愛をささやいていることが予想されましたが、カラスは外観からの性別の区別が難しいため、推測の域を脱せませんでした。

また、塚原君の得たデータから、警戒の鳴き声は、声紋の縞模様が不明瞭になることもわかりました。求愛コールのようなゆったりした感じではなく、一回の鳴き時間が〇・二一秒と短く、繰り返しの多い緊迫した雰囲気を感じさせました。

鳴き声によるカラス対策

残念ながら、どんなに厳しい音声収録を行ったとしても、声紋分析だけではカラス語の習得は難しいというのが現状です。鳴き声だけでなく、それに伴う行動など、何か意義付けできる証拠がなければいけないのです。しかし塚原君が集めた音声のなかには、少ないながらも意義付けができた声があるので、私たちはこれを使ってカラスに話しかけられないものかと考えました。

　さて、カラスに何を話かけましょうか。私としてはカラスとの会話に非常に興味がありましたが、この研究を行っていた当時、ちょうどカラス被害に困った方からの相談が多く、研究を社会に役立てるには、カラスに「ここには来るなよ」と語りかけるのが良いと考えました。ということで、カラスが近づきたくならないような鳴き声を組み合わせて、それを聞いたカラスが様々な出来事を連想し、その場所には寄ってこないという仕立てにしました。

　使った鳴き声は、人間につかまって観念したときの声、天敵に向かう声、警戒の声、飛翔の声です。捕獲時の声や天敵に向かう声は究極の恐怖と覚悟、警戒は注意喚起、飛翔は逃げるなどの意味があります。これをうまく組み合わせれば、頭の良いカラスは「天敵に遭遇する、捕まる」と警戒して、その場所から逃げて

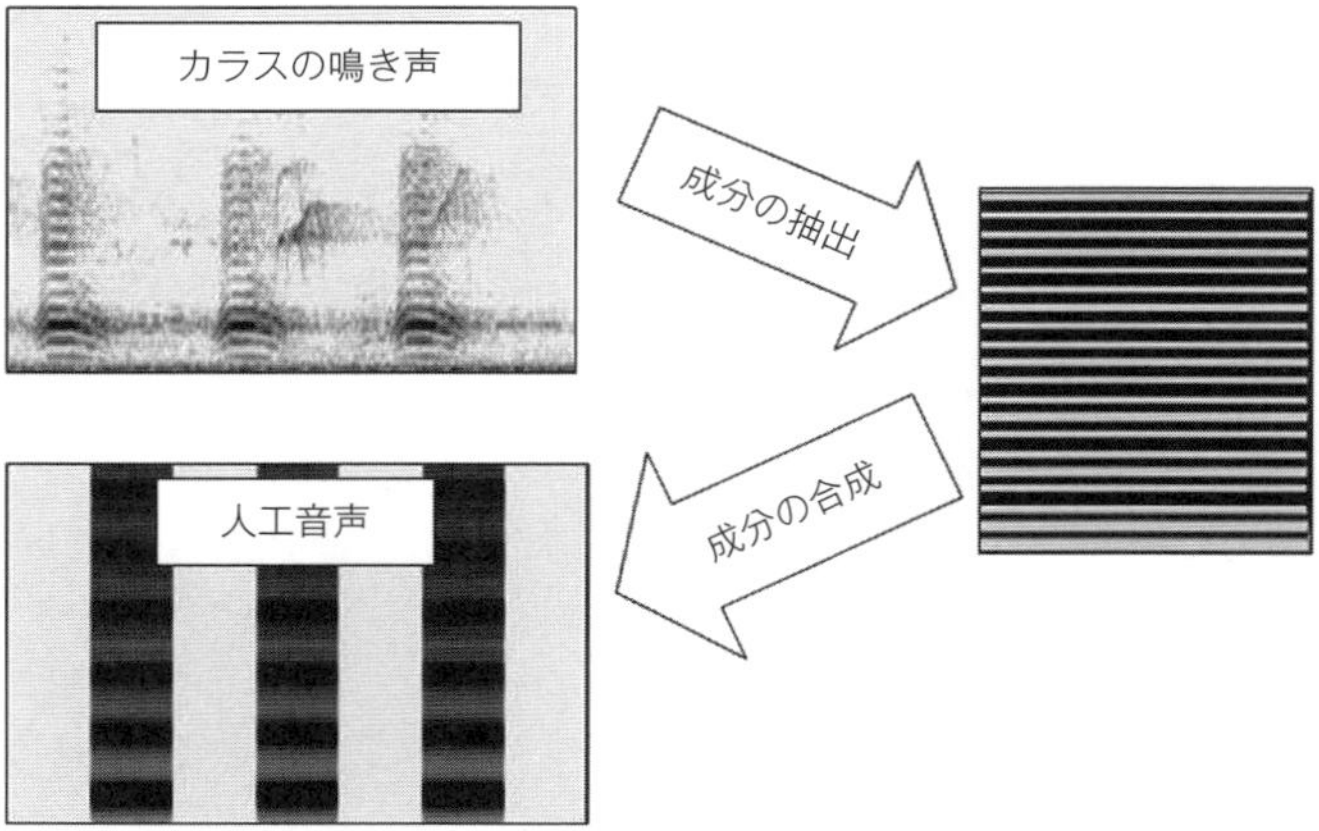

声紋分析で得られた捕獲時の周波数から成分を抽出し、人工的な鳴き声をつくった

いくと考えました。また、声紋分析で得られた捕獲時の周波数から人工的な鳴き声をつくり、カラスの鳴き声にそれを混ぜて、「ここには来るなよ」というメッセージ音をつくりました。

実はこの技術、すでに特許がとれていて実用化の運びとなっています。ただしコストが高くついてしまったため、残念ながら一般のゴミ置き場の脇に軽く添えるというほどは普及されていません。

多彩な鳴き声を出すための構造

ハシブトガラスはなぜこんなにもバリエーション豊かな鳴き声を出せるのでしょうか。まず、声を出す仕組みですが、私たち人間が声を出す部位を声帯《せいたい》と言います。人間はこの声帯を音源として、咽頭《いんとう》、口腔《こうくう》、鼻腔《びくう》で空気の波を振動させることによって声を出します。声帯は喉頭《こうとう》の上端部《じょうたんぶ》で八種類の筋肉により緊張と弛緩《ちかん》が調節され、声帯のなかを狭くしたり広くしたりすることで、声の高さや強弱などを調節します。

一方、鳥の声をつくる部位を鳴管《めいかん》と言います。鳥類一般的に言えることですが、鳴管は哺乳類の気管の上部にある声帯とは位置が異なり、気管の根元、気管と気管支の間にあり、笛のように空気の流れを調節して音（鳴き声）をつくります。よくわかってはいませんが、鳥類はクチバシの構造上、口や鼻での空気の振動性が低く、気管を振動器として使うために気管の下部に鳴管が形成されていると考えられています。さらに、鳴管のなかにはラビアという管の内腔を閉じたり開いたりするゼリー状の栓があり、筋肉による鳴管の太さの調節に加えて、このラビアが声を調節しています。

さて、ハシブトガラスは鳴管がとても発達しています。例えばニワトリの場合、鳴管の太さの調節だけで鳴き声のほとんどがつくられています。単純な呼子笛《よびこぶえ》のような感じで、鳴管を調節する筋肉は気管筋一種類しかないため、「コケッコッコ」「コケッコケッ」と鳴き方にパターンはあるものの、繰り返しや強弱を変えているだけで、基本的には変わりません。一方でハシブトガラスの鳴管は七種類もの筋肉が形づくる複雑なアコーディオン構造をしているのです。少し専門的になりますが、ハシブトガラスの鳴

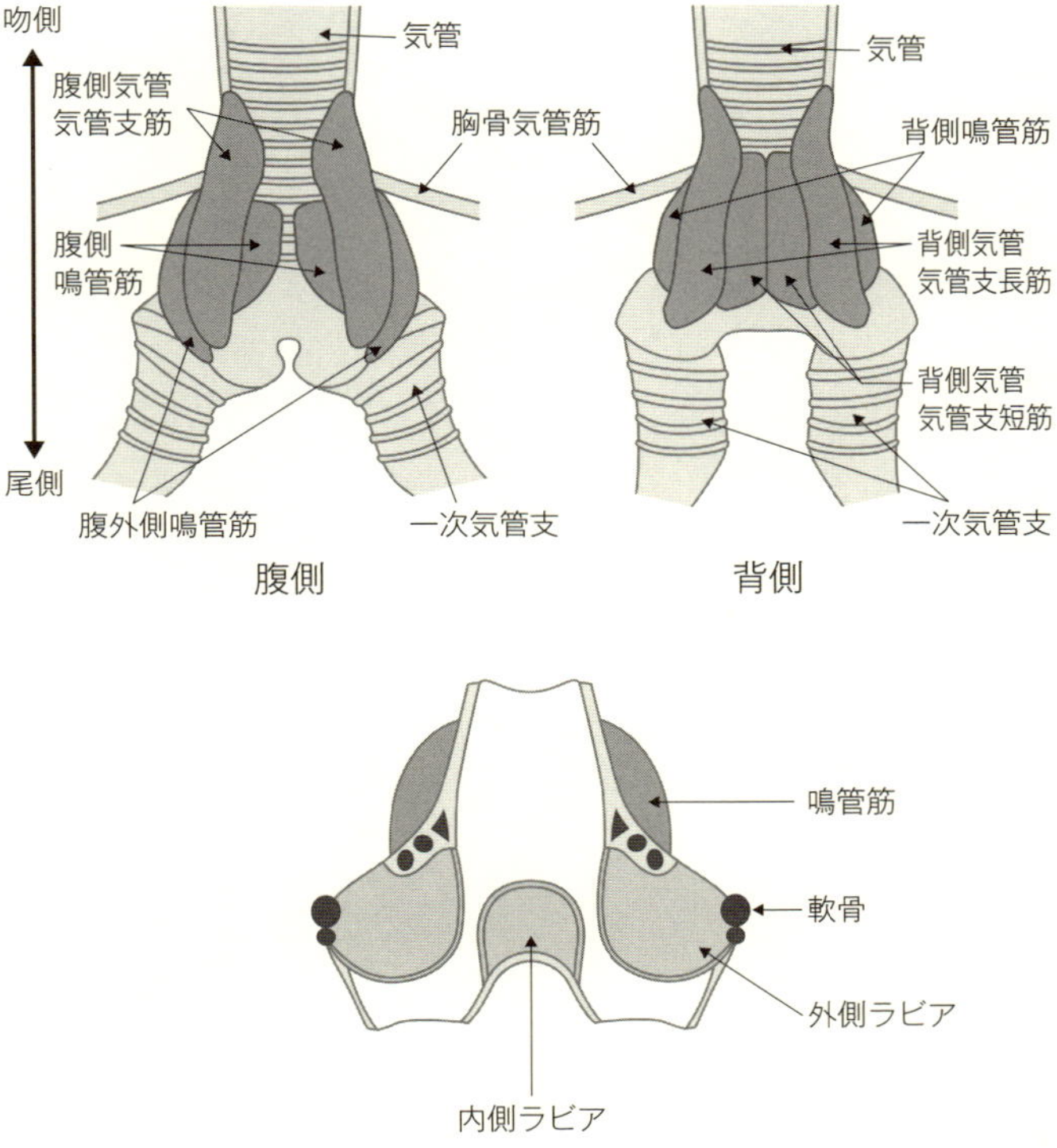

ハシブトガラスの鳴管模式図。鳴管は気管支の分枝部にあり、外側にある鳴管筋により調節される。また、内側にはラビアがあり、これと鳴管筋により、空気の通り道の狭さを調節して鳴き声を調節している（塚原論文〔2007年〕より作図）

管は、腹側気管気管支筋《ふくそくきかんきかんしきん》、腹側鳴管筋《ふくそくめいかんきん》、胸骨気管筋《きょうこつきかんきん》、腹外側鳴管筋《ふくがいそくめいかんきん》、背側《はいそく》鳴管筋《めいかんきん》、背側気管気管支長筋《はいそくきかんきかんしちょうきん》および背側気管気管支短筋《はいそくきかんきかんしたんきん》の七種の筋肉で調節されています。人間の八種類よりは少ないですが、鳥類ではダントツに多い方です。ハシブトガラスではこの七種類の筋肉が鳴管の太さや形を変えることで、多彩な鳴き声をつくっているのです。筋肉が多いと、その筋肉が付着する鳴管のいろいろな場所ごとの動きがつくれますので、鳴管の動きも複雑になり、鳴き声にバリエーションをもたせることができるのです。ちなみに、鳴き声が美しいことで有名なウグイスや鳴きまね上手のインコですら、鳴管筋は五種類しかありません。

演奏者が減ったハシボソガラスの鳴管

同じカラスでも、ハシブトガラスとは異なり、ハシボソガラスは「ガァガァ」と濁った声でしか鳴けません。その理由も鳴管筋の違いによるものです。ハシボソガラスの鳴管筋はハシブトガラスのそれとは異なり、腹側気管気管支筋、腹側鳴管筋および胸骨気管筋が一体化して、大きな筋肉の膨らみを形成しています。つまり、ハシブトガラスでは七人いた演奏者が、ハシボソガラスでは五人に減ってしまったのです。これではどうしても音の幅にも限界があり、声紋分析においても、声の周波数成分である倍《ばい》音《おん》が不明瞭で、特定の周波数が同調しないノイズのような縞模様になります。さらに言えば、ハシボソガラスのラビアはハシブトガラスに比べて小さいのです。ラビアは人間の声帯に相当しますが、人間においても加齢などで声帯の筋肉が委縮すると、声帯の閉鎖が不十分になり、声がしゃがれてしまいます。同様に、ハシボソガラスのラビアは気道を塞ぐ栓として不十分なため、その間から漏れた気流雑音の成分が、声帯の振動より発生した鳴き声になる音声成分と重なり、声が濁ってしまうものと考えています。

気道にみられるオスらしさ

人間社会ではジェンダーに関する話題が豊富ですが、カラスの鳴き声はオスとメスで異なるのでしょうか。人間の場合、一般的に女性の方が高音域の声を出しますが、カラスではどうなのでしょう。オスとメスに鳴き声の違いがあるとわかれば、外観からは難しいカラスの雌雄《しゆう》判別が楽にできるようになります。そこで、私たちの研究室ではオスとメスの鳴き声を録音し、周波数分析をしてみました。その結果、オスのカラスの鳴き声はメスのカラスに比べ、同じ鳴き声を発したときでもやや低音であることがわかりました。特に声紋のなかの第二フォルマントと第三フォルマントがメスでは高周波数域を示したのです。

　この声紋の違いは、クチバシから気管を含む気道の長さによるものです。私の研究室で、舌、喉頭、気管、肺をつなげて気道を取り出し、長さを計ってみた結果、オスの気管の長さは約百四十五センチメートル（七羽平均）、メスのそれは約百二十二センチメートル（七羽平均）と、オスの方が長いことがわかりました。また喉頭の長さや幅もオスの方が長く、このことからオスの鳴き声の方が低音になる理由が気道にある

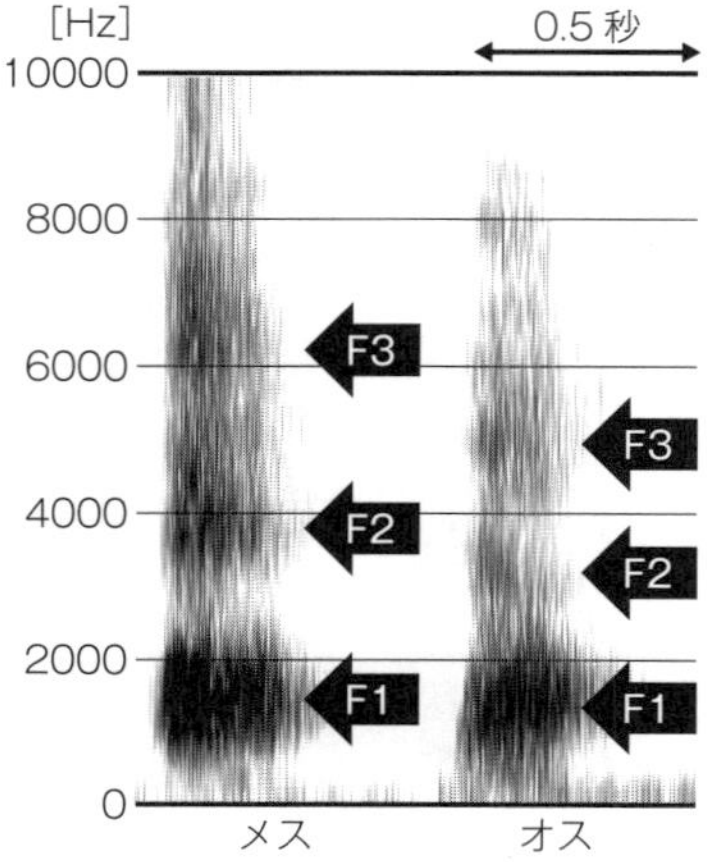

	メス (n=4)	オス (n=4)
F1	1418±63	1373±61
F2	4277±690	3292±225
F3	6767±606	4881±572

各値は平均フォルマント周波数±標準偏差を示す

雌雄の声紋の違い。メスはオスよりも鳴き声の周波数が高い（高音を出す）

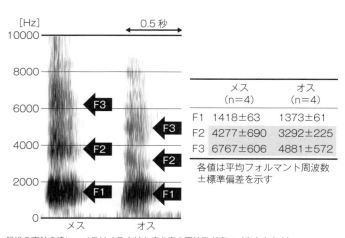

とわかりました。チェロのように太い弦で低い音を奏でるものもあれば、バイオリンのように細い弦で高い音を奏でるものがあるのと同じです。音源である鳴管のサイズにはオスとメスで違いは見出されませんでしたので、気道に鳴き声のオスらしさメスらしさをつくる要素があるものと考えられました。

豊富な鳴き声をつくる脳

鳴管は声を出す機械ですが、その機械を動かしているのは脳です。人間もそうですが、声を出すには意図を考え、それを伝えなければなりません。例えば人の場合、「嬉しさを伝えたい」「もっと強く怒りの気持ちを伝えたい」などの思いが声に強く現れます。カラスにおいても脳の働きが鳴管筋の動きに大きく影響しています。つまり、豊かな鳴き声を形成するには「エサがここにあるぞ」「危険が近いぞ」など、状況に応じてほかのカラスが発した鳴き声を記憶し、そしてその鳴き声を出すために繰り返して覚える「学習」や、そもそも鳴くという「運動」が必要です。

鳥が鳴くための経路としては、はじめに呼吸パターンや音響的効果を担う大脳の歌制御核《うたせいぎょかく》から発声中枢を経て、延髄の舌下神経核《ぜっかしんけいかく》や呼吸中枢に信号が送られます。舌下神経核は、鳴管を操る鳴管筋の強弱や左右の協調の塩配を調節するよう脳からの命令を伝えます。また、呼吸中枢からの命令により、鳴管の動きや呼吸のリズムが複雑に調和され、鳴くことができます。

ハシブトガラスが豊富な鳴き声をつくれるのは、鳴くための情報を発達した大脳の前方部に記憶し、それを運動に切り替えられるからです。最終的には舌下神経核が操る鳴管筋の収縮が、楽器を奏でる指令のようなものにあたります。多くの鳴禽類では、大脳の歌制御核や発声中枢および舌下神経核への連絡経路は、同じ側の脳だけに連絡します。しかし、私たちが行った調査で、カラスの鳴き声をつくる神経回路が、ほかの鳴禽類とは少し異なることがわかったのです。この発見は私たちにとっても、たいへん意外な結果でした。ほかの鳴禽類では、延髄にある左右一対の舌下神経核からの神経は分岐せずに左右それぞれの鳴管筋とつながるのですが、ハシブトガラスの場合、この神経が枝分かれして、左右それぞれの鳴管筋へとつながっており、両側の鳴管筋は左右それぞれの舌下神経核から指示を受けていることがわかったのです。つまり、ハシブトガラスでは左右両方の舌下神経核がそれぞれの鳴管を制御するため、左右の鳴管の動きの調子合わせが容易になり、鳴管筋の動きをさらに複雑にしています。

ハシブトガラスのように多彩な鳴き声を出すには、高度に発達した脳が必要です。英語で「Bird's Brain」は間抜けを意味しますが、様々な鳴き声をつくるカラスの脳を考える限り、とても間抜けとは思えません。これは第四章でも詳しくお話ししましたが、カラスの脳は鳥のなかではとても良く発達しています。したがって、鳴き声をつくる脳の仕組みも発達していると考えるのが自然でしょう。

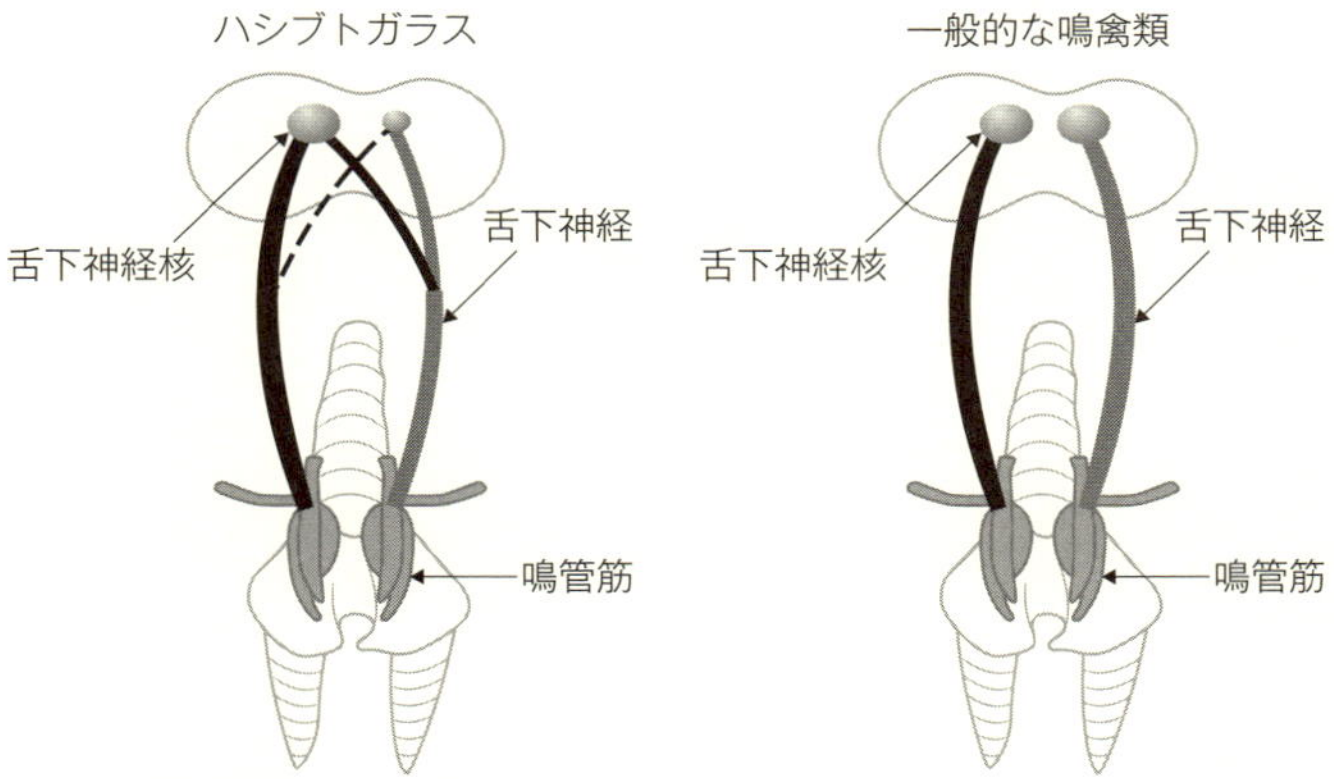

一般的な鳴禽類では、左脳の舌下神経核から左側の鳴管筋に舌下神経が伸びている（右も然り）。しかしハシブトガラスでは、左脳と右脳の舌下神経核から、左右それぞれの鳴管筋に舌下神経が伸びている（塚原博士論文より作図）

カラスの鳴き声は不吉なのか?

「カラスが夜鳴くと不幸なことが起きる」という言い伝えが各地にありますが、カラスが鳴くと本当に不幸なことが起きるのでしょうか。鳴くということは、仲間に何か伝えることがあるのです。例えば、夜のねぐらに天敵が接近してきた場合の「警戒コール」が考えられます。また、私たちはカラスにGPSロガーを装着して行動を解析したのですが、夜に移動するカラスもいることがわかっています。「飛翔コール」と言って飛びながら鳴くカラスもいることから、夜に鳴きながら飛んでいるだけとも考えられます。カラスにとって夜鳴きは単なる日常の行動であって、不幸との間に因果はないようです。

ではなぜ不幸と結びつけられるのでしょうか。黒い動物ゆえの宿命なのかもしれませんが、不吉とか怖いイメージを出すときにカラスの鳴き声が効果音として使われる場合が多いですよね。また、シェイクスピアの戯曲『オセロ』では、「As doth the raven o'er the infected house, Boding to all」という一節があり、桝田《ますだ》隆宏さんの論文では、次のように訳されています。「厄病に取りつかれるとかならず大鳥《おおがらす》がやってきて、その家の軒先を離れず不吉を知らせて鳴き続ける。あたかもその声のように」。また、同じくシェ

カラス豆知識 6

イクスピアの戯曲『マクベス』でも、カラスは不吉な予言者として登場しています。いずれにしろ、このような形でカラスが使われることで、知らぬ間に「カラス＝不幸のシンボル」と刷り込まれてしまっているのかもしれません。

第七章

カラスの飛翔能力

カラスの行動範囲を把握する

カラスが疑われた鳥インフルエンザ

慣れとは恐ろしいものです。二〇〇三年の国内の鳥インフルエンザ発生時には、ついに上陸してしまったかと、日本中が震撼《しんかん》したものです。そのときは大分、山口、京都などの西日本のみでの発生で、件数もさほど多くなかったのですが、とにもかくにもたいへんな騒ぎになりました。それに対して、二〇一六～二〇一七年は全国十二地区で発生しているにもかかわらず、メディアの扱いも小さくなっていました。養鶏業の方々の緊張は今でも変わらないと思いますが、一般の方々は卵や鶏肉の価格が上がるような事態が生じないかぎり、それほど関心がなくなっているように思えます。

それはそれとして、このような感染症の問題にカラスが絡むとまた一騒動です。鳥インフルエンザや口蹄疫《こうていえき》などのような感染力が強く、畜産業に多大な被害を及ぼす感染症が発生すると、その運び手（キャリア）として

鳥インフルエンザ（とりいんふるえんざ）：A型インフルエンザウイルスが鳥に感染して起きる感染症。ウイルスの病原体が宿主に感染症を引き起こす程度によって高病原性と低病原性に分けられる。

口蹄疫（こうていえき）：家畜伝染病の一つ。牛、豚、山羊、鹿など、主に蹄が偶数に割れている動物が感染するウイルスによる感染症。伝播性が強く、幼獣は致死に至る場合があり、生産性も著しく下げるため感染動物は殺処分となる。

野鳥や野ネズミが必ず疑われます。その矢面《やおもて》に立たされるのがカラスです。都会ではゴミ集積所に集まり食い散らかし、地方では農作物を食害するなど、人間側からみれば良いとこなしの黒い鳥。二〇〇三年に鳥インフルエンザが発生した際にも、このときばかりとカラスにキャリアとしての嫌疑がかけられ、私のところにも日曜にもかかわらず一日に五社くらいから取材の申し入れがありました。悪いことに二次感染したカラスが見つかったのも誘因だったのかもしれません。

確かにカラスが疑われても仕方がない状況だったのですが、メディアの最大の関心事は「カラスがどれくらい飛ぶのか?」ということでした。飛ぶ距離によって感染拡大の範囲も推定できると考えたのでしょう。しかし、数年かけて北海道から茨城まで飛んだカラスのデータなどから数字だけが独り歩きして、「カラス七百キロメートル移動!」といった誤解を招く見出しとして新聞などに出てしまうこともあって、日本中がさらなるパニックに陥りました。そもそもの話、家畜を飼育できる施設(畜舎)は、糞尿処理による河川の汚染や臭いなどの畜産公害の問題から、ほとんどが地方でも山里に追いやられています。当時、カラスの飛ぶ距離などに関す

二次感染(にじかんせん):感染個体から別の個体に感染すること。

る調査は国立科学博物館附属自然教育園が行った東京の六義園《りくぎえん》のカラスを中心とした飛翔の報告が唯一で、こうした畜舎のある山里に棲息《せいそく》するカラスについての飛翔距離の調査は、まったくと言って良いほどありませんでした。

ところでこのインフルエンザ上陸前に、東京では唐沢孝一さんらが主催する都市鳥研究会が中心となり、タグ標識や発信器をつけての放鳥など、いくつかの方法を併用して、カラスの移動範囲を調べていました。この都市鳥研究会や国立科学博物館附属自然教育園の報告によると、まれに十キロメートル飛ぶものもいましたが、ほとんどのカラスは四～五キロメートル以内と、基本的に狭い範囲で活動していることがわかりました。

いずれにしろ、鳥インフルエンザが発生した時期には地方のデータがまったくなかったので、この東京の調査結果でマスコミからの質問に答えるしかありませんでした。このとき、「このままでは地方で感染症が起きるたびに、環境も状況もまったく異なる東京のカラスの話を出さなければならない。東京のデータでは地方の対策にはまったく結びつかない」と思ったのです。とにかく、畜産現場があるような山里のカラスの飛翔範囲の研究の必要性を、ひしひしと感じました。

とは考えたものの、広大な自然のなかでカラスの飛ぶ距離などどうやって把握すれば良いのか、当時は見当もつきませんでした（だからそれまで手をつけられてなかったのですが）。よく「先生のいる栃木にはカラスは何羽くらいいるのですか？」と、さも簡単な質問のように聞いてくる方がいますが、それは「海に魚が何匹くらいいますか？」と同じくらい難しい質問です。カラスの飛翔範囲も然りで、非常に難しいテーマです。そうは言っても、ここはカラス博士の面子にかけて、地方のカラスの飛ぶ範囲を調べる必要がありました。

GPSによるリアルタイムでの追跡

カラスの行動範囲を調べる方法として、はじめに目をつけたのはGPSによるリアルタイムでの追跡でした。と言っても、私がゼロから考えたというわけではなく、すでに熊や鹿などの大型動物の移動調査でGPSが使われていましたし、鳥の世界でも慶応大学の樋口広芳先生（東京大学名誉

GPS(Global Positioning System)：全地球測位システムと言って、人工衛星を利用して電波を発する場所がどこかを正確に計測する仕組み。動物に発信機を着けると動物の位置を衛星がキャッチして場所を割り出し、地図上に示すことができる。

教授）のグループが、かなり前から野鳥のノスリの飛翔をＧＰＳで追跡していましたので、カラスにもそれが応用できないものかと考えたのです。方針が決まればあとは実行あるのみです。鳥学会の仲間に構想を話したところ、鳥の行動研究に応用するためにＧＰＳを開発している方々と会うことができました。特に数理設計研究所の矢澤正人さんたちは、土砂災害のための地盤の動きを知るために、ＧＰＳを使ってリアルタイムに地盤のズレを観察するシステムを開発しており、ＧＰＳの応用には長けた技術をもっていました。彼らは野鳥にも強い関心をもっていて、行動観察への応用を考え装置を開発中だということで、私の研究とも見事にマッチングしました。

さて、研究には資金が必要です。ましてＧＰＳを使うとなると衛星通信利用など、これまでとは違うお金がかかるかもしれません。さきほど思いついて研究をはじめたようなお話しをしましたが、実を言うと前もって来たるべき日のために構想と資金調達について考えていました。「カラスの保有病原体と飛翔」というタイトルで、文部科学省の競争的資金である科学研究助成金基盤（科研費）Ａの申請をしていたのです。それがめでたく

科研費（かけんひ）：研究者の自由な発想に基づく研究を発展させることを目的とし、文部科学省が予算化する競争的資金。事業は文部科学省およびその外郭団体である独立行政法人日本学術振興会が行う。申請研究課題の採択率は二十〜二十五パーセント。

採択され、話はトントン拍子で進みました。なんとカラスの飛翔の研究に四千五百万円以上もつぎ込めることになったのです。備えあれば憂いなし、なんとも嬉しいことになりました。さっそく大学の附属農場に基地アンテナを設置し、試作中の発信機をカラスに背負わせました。重さは約二十五グラム、価格は定まっていない試作品です。性能次第では非常に高価なものにもなりますが、それは結果を見てからということでした。すべての商売人がこんな心掛けなら消費者センターなどいらない社会になるのに……と思いながら、たいへん感謝したものです。しかもGPSを背負わせたカラスが帰ってくる保証はまったくありません。むしろ戻らないと思ってカラスを放つのが正しい心掛けです。値もつけられない貴重な発信器をカラスに背負わせて飛ばせる、かなりチャレンジャブルな実験でした。

そんなわけで、リアルタイムでカラスの飛翔軌跡を追う調査がはじまりました。背中に発信器を背負わせたカラスを、「しっかり飛んでくれよ」と思いを込めて、そっと空へ送り出しました。飛び出してまもなく、一度近くの木に止まり、背中の発信器を気にしているそぶりを見せましたが、とにかく無事旅立ちました。あとは肉眼（や双眼鏡）で追うことをやめ、ひたすらモニターを手に、「飛んでいる！　飛んでいる！」「どこいった？　あそこいった！　ここはどこだろう？」とつぶやきながら、ひたすらカラスの軌跡とにらめっこです。

モニター画面では、西に北にと方向を変えて川の上を通過したり、移動を続けている様子が観察できました。これではモニター越しにカラスをストーカーしているようなものです。しかし、途中までは順調にストーキングさせてくれていたのですが、やはり簡単には追わせてくれませんでした。まず、建物内では衛星との交信が途絶えるらしく、追跡ができなくなりました。また、木々や建物の間でもそんなことがたびたび起きました。ここまでは多少予測していたのですが、想定外だったのはカラスが背負わせた発信機のアンテナを咬みちぎってしまったことです。材質としては相当に硬い金属のはずですが、それを咬みちぎってしまったのです。アンテナはカラスの背から尾側に出ているので届かないと思っていたのですが、器用に頚《くび》を回してアンテナに届くようです。そ

カラスに背負わせたGPS発信器。今思うとアンテナは結構長いかも

して咬む力（最大咬合圧）はなんとハシブトガラスのメスで百十メガパスカル、オスで百三十メガパスカルもあります。つまり、十一〜十三キログラム／平方メートルの力で細い針金を叩くようなものです。突出した部位をオシャブリみたいにかじりたくなるのは、カラスも人間も一緒のようですね。

GPSロガーによる位置情報の集積

結局、アンテナの突き出た発信器では、カラスの移動範囲を追うことは難しいとわかりました。ほかの鳥ではうまくいっているようですが、カラスはなかなか手ごわい相手です。「アンテナのような突起物がない方が齧《かじ》られずにすむのでは？」と思う一方で、「アンテナがない発信器なんて正確性に欠けるのでは？」と、あれやこれやと考えていたら、私の山歩き仲間が「GPSロガーが良い」と教えてくれました。

GPSロガーは移動経路や通過時間について、GPSを使用して記録する機械で、記録されたデータを取り出して専用ソフトでそれらのデータを再現できるものです。欠点はリアルタイムで位置情報を見ることができないことですが、登山者やジョギングをしている人たちは、家に帰ってから自分の歩いた（走った）軌跡をマップ上に再現して楽しむことができます。値段は一個六千円ほど。これを用いた実験は帰るあてのないカラスに六千円をもたせて放つようなもので、とにかくロガーを背負ったカラスが帰ってきてくれないと実験の意味がなくなってしまいます。考えようによってはものすごくリッチな実験で、カラスの研究を長くやってきましたが、こんな贅沢をしたことはありませんでした。

結果的には累積三百六十羽のカラスにロガーを装着し、うち百二十六羽が帰ってきてくれましたので、期待以上ではありましたが、百三十四羽は帰ってこなかったので、八十万四千円の損失でした。確かにもったいない話ですが、ものは考えようです。仮にカラスの移動した軌跡をたどることができたとして、そこから鳥インフルエンザや口蹄疫の伝播を防ぐことができれば、感染症により殺処分されるニワトリや牛を減らすことができます。そう考えると一機六千円な

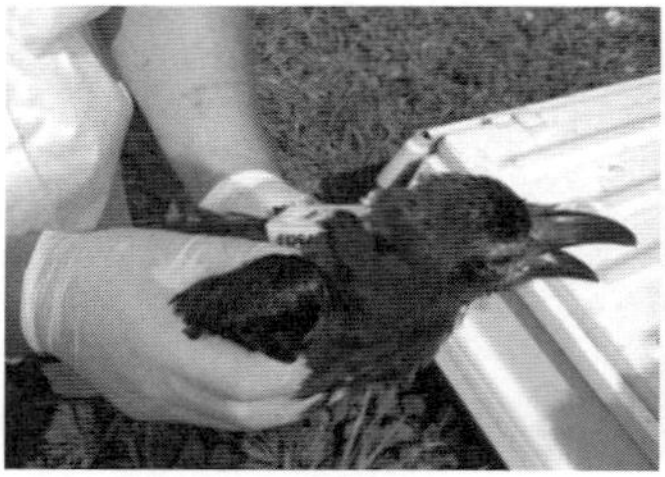
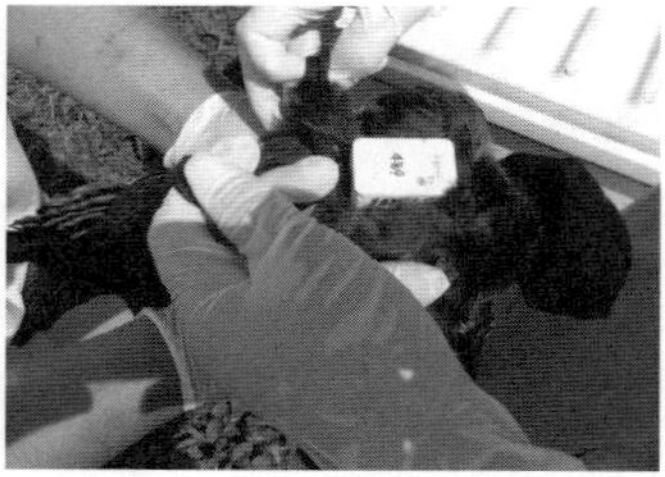

飛翔の研究の救世主であるGPSロガー。アンテナ付きのGPSと比べて小型で突起物もない

んて安いものです。それを背負って旅に出たカラスが帰ってこなくても、帰ってきたカラスのGPSロガーが感染の拡大範囲などを推計できるデータを持ち込み、何万羽ものニワトリや高価な牛が殺処分を免れるような結果につながれば、その帰ってきたカラスが何億円の価値を生み出してくれるのです。

さて、余談になりますが、私がカラス研究をはじめたころ、やはり「どれくらい飛ぶのか」「どこで何をしているのか」などが知りたくて、危険をかえりみず飛んでいるカラスを車で追跡したことがあります。空のカラスを見ながら運転するという離れ業は、そう長くは続けられませんので、困難きわまりない調査として断念していました。とにかく、このGPSロガーのおかげで、カラスの飛翔能力の研究が各段に進んだのです。

カラスの飛翔速度

では、GPSロガーにより得られたデータをこれから少しずつ見ていくことにしましょう。まず、帰ってきてくれたカラスから「お疲れ様!」とばかりに背中のＧＰＳロガーを外してあげます。そして、放たれてから帰ってくるまでの移動軌跡を位置情報からパソコンで分析し、それを地図上に反映させます。同時に、移動速度も計算できるので、今まで知り得なかったカラスの飛翔速度がわかりました。なんとも嬉しく、ワクワクする瞬間です。なお、これから紹介する飛翔については、放鳥する場所として二ヶ所を設けています。一ヶ所は私の勤務する宇都宮大学農学部の附属農場（栃木県真岡市）、もう一ヶ所は長野県飯田市でした。放鳥されたカラスは、それぞれの場所に設置されたトラップで捕獲されたハシブトガラスでした。

さて、カラスの飛ぶ速度はどれくらいなのでしょう？　フィールドでカラスを見ているといろんな速さを感じさせてくれます。二羽が追いかけっこをしているかのようにものすごいスピードで飛んでいることもあれば、急旋回していることもあります。そうかと思えば、夕方、おだやかにねぐらにヒラヒラと飛び向かっている姿もあります。いずれもなかなか数値化できませんでしたが、ついにそのときが来たのです

結果を言うと、記録されたカラスの最高飛翔速度は時速七十三キロメー

トルでした。平均およそ時速三十四キロメートルで、原付バイク並みの速さです。ほかの鳥で知られている飛翔速度は、ヨーロッパアマツバメが平均時速三十六キロメートル、ペルーペリカンが平均時速四十一キロメートルほどですので、カラスの飛翔速度は鳥のなかでは速からず遅からずの位置になります。

ヨーロッパアマツバメ：アマツバメ目アマツバメ科に分類される渡り鳥。夏場はグレートブリテン島や北ヨーロッパで、冬場は南アフリカで過ごす。

ペルーペリカン：南米ペルーに棲息するペリカンの一種。

カラスの行動範囲

また、飛翔距離を見ると結構な幅がありました。なかにはわずか一日で長野県飯田市から愛知県豊田市までの六十キロメートルを移動したカラスもいれば、同じく飯田市から中央アルプスの山を越えて二十キロメートルを一気に移動したカラスもいて、ほかにも一ヶ月半ほどかけて茨城県の霞ヶ浦、千葉県の船橋、東京などを転々と移動して帰ってきたカラスなど、長距離移動型の「旅ガラス」もいました。しかしこのような旅ガラスはレアで、多くは「地域ガラス」として、地域に根付いて生活していることがわかりました。これは三十四羽の平均なのですが、特別のことがなければ、半径約五～六キロメートル内で過ごしているようです。また、オスとメスでは行動範囲も違うかもしれないという期待から分析しましたが、それほど大きく変わらないこともわかりました。

季節による行動範囲の違い

　季節で見ると、夏と秋は移動距離が長く、冬と春は行動範囲が狭くなる様子がみられました。春は巣づくり、産卵、子育てなど、家族のなわばりのなかで活動することになります。またエサも豊富になる季節ですから、遠くまで探しに行く必要がないのでしょう。夏から秋にかけては子供の教育期間であり、やや行動範囲が広くなります。冬はエサを探して広範囲を飛び回るのかと想定していたのですが、無駄に飛び回ってエネルギーを費やさないためにか、意外にも行動範囲が狭いことが新たにわかりました。それとは別に、四季を通じてカラスは日長に合わせて行動し、夏は早起きで長い一日を過ごしていることもわかりました。冬は冬で、日の出日の入りに合わせるので短い一日になるようです。このように、ＧＰＳロガーの解析からカラスたちの一日の出勤時間と帰宅時間までわかったのです。

カラスお気に入りのレストラン

さらに得られたデータを深読みすると、どこで何をしているのかまで見えてきました。どうも多くのカラスがしょっちゅう足を運ぶというか、羽を運ぶ場所があるようです。それも、そのスポットが点在していました。スポットは四ヶ所あり、興味をひかれたのでこの場所をグーグルマップで調べてみました。どのスポットも普通の民家よりは大きい建物でしたが、はっきりしたことは地図上では確認できませんでした。そこはやはり自分の目で確かめるしかないと、さっそく現場に向かったのですが、予想はついていましたがやはり畜舎だったのです。カラスたちは四つの畜舎をはしごしているようでした。一般的に、カラスはゴミ集積所に集まると考えられていますが、環境によってそうとは言えないのです。データを見ると、カラスは畜産農家の一日のスケジュールを把握しているかのように、早朝、昼食時をピークに畜舎への侵入を繰り返していました。つまり、搾《さく》乳《にゅう》やエサやりの前、そしてその後の人間がいない時間帯を狙って侵入しているのです。おそらく、地域、家畜の品種は問わず、畜舎はカラスの訪問が多い場所なのでしょう。現に、カラス被害対策を請われるのは、畜産現場に多いのです。

ここで私が過去に現場に足を運んでみた畜舎の様子を紹介します。公的機関なので某家畜改良センター（種畜牧場《しゅちくぼくじょう》）と称しますが、ここでは血統の良い牛に、ベストな栄養バランスになるよう計算された良質なエサが与えられていました。ところが、「そのエサ、待っています！」とばかりに、牛舎の屋根や近くの電線に、カラスが数珠つながりに止まっているのです。そして、牧場のスタッフが飼槽《しそう》にエサを入れるやいなや、飼槽の縁にカラスが降りてきて、トウモロコシなどの好物を選び食いしていました。これではいくら計算されたエサを人間が与えても、カラスが勝手に間引いてしまうので意味がありません。畜舎にはカラスの好物がたくさんあるうえに、家畜の未消化成分もカラスの恰好《かっこう》のエサになります。このことを考えれば、家畜に感染性の病気が発生した場合、カラスによる感染拡大の可能性も否定できません。

さて、GPSロガーでは、さらに再認識させられるデータが得られました。「カラスの夜鳴き」は嫌なことが起こる前兆として、人間から嫌がられる行動ですが、そもそもカラスは鳥のため、多くの方は「鳥目」からイ

家畜改良センター（かちくかいりょうせんたー）：家畜と家禽の増殖・改良を図るため、優良な遺伝形質をもった種畜・種鶏を生産・飼育する施設。

未消化成分（みしょうかせいぶん）：家畜が食べた飼料中に含まれていたトウモロコシの粒や麦が消化されず糞に交じって出てきたもの。

メージして、夜は飛ばないものと信じています。読者のみなさんはいかがでしょうか？　実は、このGPSロガーの解析によって、夜に行動するカラスも結構いることがわかりました。夜に畜舎に出入りしているカラスもあれば、畑で何かを探しているようなカラスが出てきたので、けして鳥目ではないようです。

羽を動かすしくみ

カラスのマルチ飛翔

水泳に平泳ぎ、バタフライ、クロールなどの型があるように、飛び方にもいくつかの型があります。例えば「羽ばたき型」は、羽ばたいて直線的に飛ぶ一般的な鳥の飛行型です。一方、「波状飛行型」は、羽ばたきと翼を閉じての滑空を繰り返すもので、セキレイに見られる飛行型です。ま

セキレイ：主に水辺に住み、長い尾を上下に振る習性がある。頭から尾にかけ背中が黒で胸やお腹は白。体長は二十センチメートルくらい。

た、トビのように平常時も羽ばたくことをほとんどせず、グライダーのように上昇気流を利用してゆったりと旋回上昇する「滑翔型」もあります。さて、カラスはどうなのでしょうか。

私がカラスの飛翔を観察するかぎりは、マルチタイプと言いますか、色々な飛び方ができるように思います。普段は羽をヒラヒラ羽ばたかせて飛ぶ「羽ばたき型」、そうかと思えば河川敷の上空でトビにちょっかいを出しながら、トビのあとについて「滑空」しているときもあります。秋ごろになると、台風の前兆で上昇気流に似た風向きが起こることがありますが、その風に乗ってハンググライダーかのように「滑翔」をするときもあります。何羽ものカラスが風にのって空高く舞い上げられ、また下降しては上昇していくのを繰り返すのです。一種のレジャーにさえ見えます。また、あるときは広げた羽

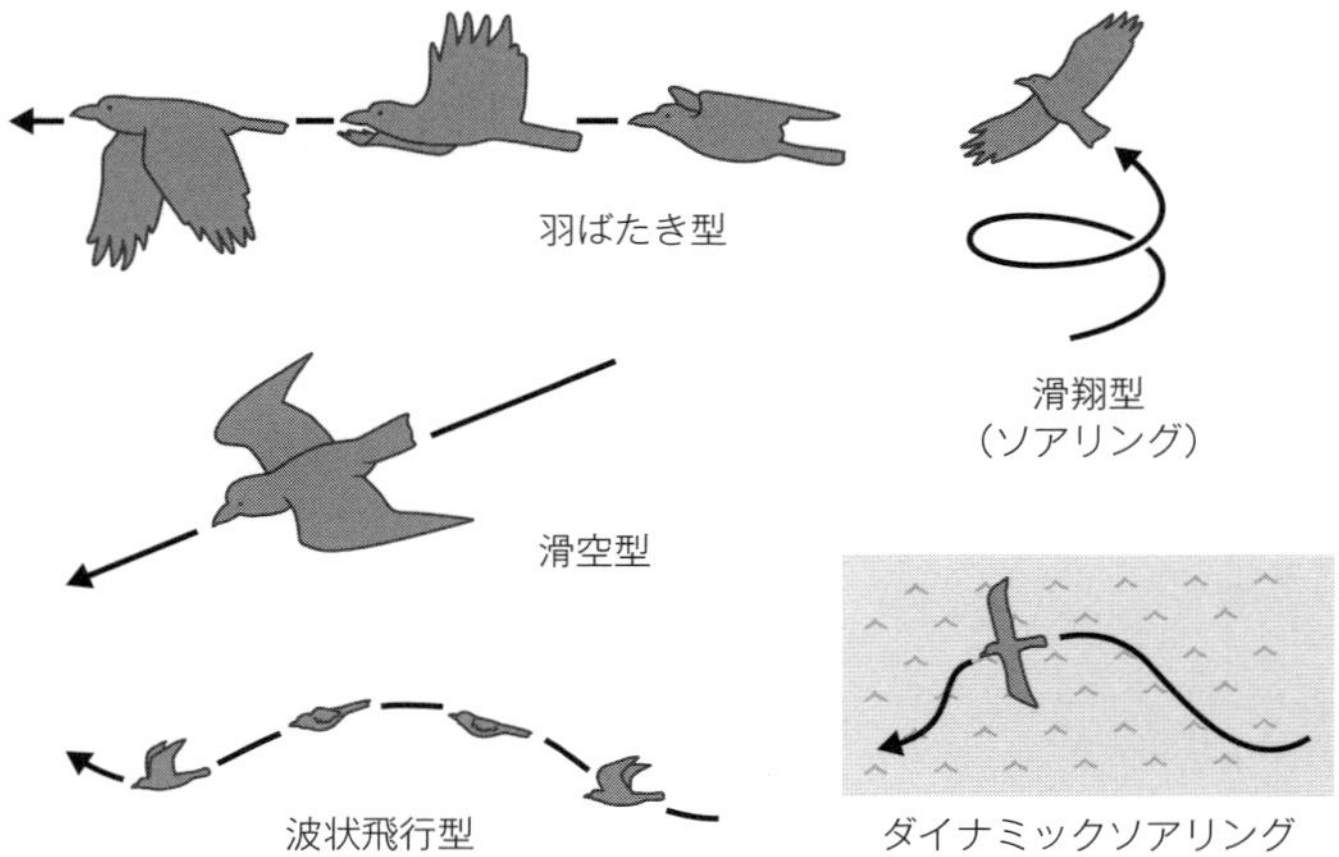

様々な飛翔のスタイル。カラスはどの飛翔型にも対応できるマルチ型

をサッと閉じて下降し、またサッと閉じて段階的に下降します。セキレイのように波状飛行でどんどん前方へ進むのとは異なりますが、一部似た飛翔形態ができるようです。

鳥の飛翔はトビのように滑空が得意なもの、ヒバリやスズメのようにひたすら羽ばたいて飛翔するもの、ハトのように羽ばたきと滑空を組み合わせる飛翔などあります。そうして見ますと、カラスはどの飛翔型もできることになります。遊びなのかエサの奪い合いなのか、二、三羽のカラスが追いかけっこをしているときは、キリモミ急旋回、下降などアクロバット飛翔もします。この場合、何型の飛翔と分類できないくらいの早業ですが、このような状態を「争い飛翔」と呼ぶそうです。

羽を動かす飛翔筋《ひしょうきん》

カラスの飛び方を見ているうちに、解剖学者として、カラスがどんな飛《ひ》翔筋《しょうきん》をもっているのかに興味が湧きました。滑空には持続性の高い性質の筋肉、急旋回・急上昇などには瞬発性の高い筋肉が必要と考えられます。

長距離型の遅筋と短距離型の早筋

さて、カラスの飛翔筋のお話しをする前に、筋肉についておさらいしましょう。筋肉は見た目の色から赤筋《せっきん》（Ⅰ型）と白筋《はっきん》（Ⅱ型）の二種に分類されます。ミトコンドリアが多く、酸素を消費しながら持続的に運動する筋で、赤みが強い筋肉が赤筋、ミトコンドリアが少なく、無酸素運動を得意とする赤みが弱い筋肉が白筋です。白筋は収縮の筋原線維《きんげんせんい》が発達していて、すばやく縮むことができるため速筋《そっきん》とも呼ばれます。逆に赤筋は脂肪や炭水化物を消費する酵素が豊富で、ゆっくりした運動を持続的に行うのに適しているため遅筋《ちきん》とも呼ばれます。よく陸上の短距離選手は白筋が多くて、長距離選手は赤筋が多いと言われていますよね。魚でいうと赤身魚が赤筋で白身魚は白筋です。白筋はさらにⅡａ型とⅡｂ型に分かれます。Ⅱａ型は赤筋と白筋の両方の性質をもっていて、Ⅱｂ型は純粋に白筋としての本領を発揮しています。

二種類の胸筋が翼を上げ下げする

では、カラスの飛翔筋はどうでしょうか。まず、カラスに限らず鳥が飛

ミトコンドリア：すべての真核生物細胞に含まれる細胞小器官。細胞の活動に必要なエネルギーを生産する。

筋原線維（きんげんせんい）：筋線維のなかに含まれる蛋白の細いフィラメント。筋線維のなかには二種類の筋原線維があり、筋の収縮と弛緩に働く。

ぶときには浅胸筋《せんきょうきん》と深胸筋《しんきょうきん》の二種類の筋肉が主に使われます。翼を下げるときには浅胸筋、上げるときには深胸筋を使います。これは人間の胸筋に相当します。私たちの胸筋は、胸骨《きょうこつ》からはじまり上腕骨《じょうわんこつ》につながっていて、グッと人を抱きしめるように腕を動かすときに働きます。鳥の翼も私たちの腕のようなものですので、それを意識してしばらく読んでいただけると、わかりやすくなるかもしれません。

　まず、翼を下げる浅胸筋は上腕骨と鎖骨《さこつ》からはじまって胸骨に着きます。浅胸筋はとても発達していますので、この筋が付着する場所は胸骨の中央が三日月の弧のように飛び出ていて、竜骨突起《りゅうこつとっき》とも呼ばれています（第三章参照）。一方、羽を上げる深胸筋は、やはり上腕骨からはじまり竜骨突起にたどり着くのですが、同じ場所に着いていながら羽を下げる浅胸筋とは働く向きが逆になります。これは烏口骨《うこうこつ》により働く向きを変えられていることによります。ちなみに、ニワトリの浅胸筋は鶏胸肉で、深胸筋はササミにあたります。いずれにしろ、この二つの筋肉がどのような性質なのかを見ていくことにしましょう。

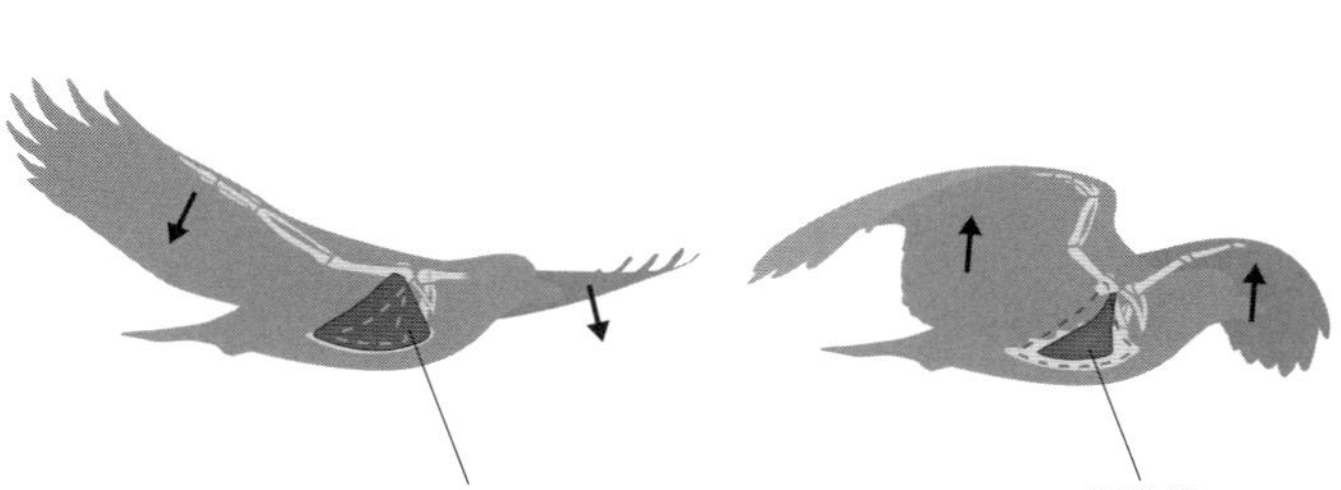

鳥の胸筋。外側の浅胸筋が羽を下げ、内側の深胸筋が羽を上げる

カラスの胸筋

カラスの胸筋の性質を見るためには、カラスを解剖しなければなりません。実験をはじめた当初は、カラスの皮下というか羽の下がどんな色なのかすら知りませんでした。なんとなく外観から、カラスの筋肉は黒いのではないかと思っていたので、初めて見るまで興味津々でした。

はじめに羽をむしり、皮膚を露出するのですが、カラスの皮膚は薄黒かったです。皮膚にメスを入れたときに、皮膚が意外に硬かったのには驚きました。「自然界で体を守るにはこれだけの丈夫さが必要なのか」と思ったことを覚えています。皮膚を剥《は》がした後、その下に現れたのが胸筋です。ニワトリの胸筋は鮮やかなピンク色ですが、カラスのそれは赤身が少し深く、黒っぽい赤色を呈していました。「鍛え抜かれた筋肉の色はきっとこんな感じなのだろうな」とか思いながら、慎重に胸骨から筋肉を剥離《はくり》しました。

カラスの胸筋全体の重さは七十〜九十五グラムでした。カラスは体の重さが四百五十〜八百グラム程度ですから、体の約十二〜十六パーセントが胸筋ということになります。哺乳類の場合、胸、胴、肩、尻、腿《もも》の筋肉を合わせてやっと全体の二十パーセントなので、カラスの胸筋がいかに幅を利かせているかがよくわかるでしょう。

カラスの筋肉は万能型

筋肉の性質を調べるには、とても細やかな作業と生化学的な処理が必要です。その方法について詳しく説明すると、ザ・理系の小難しい話になってしまいますので、必要最低限の記載にとどめることにします。ご安心ください。

筋肉の性質を調べるには、まずは肉片として取り出した筋肉をミクロの世界の薄さにします。水分を抜いたり、パラフィンのなかに埋めたりした肉片を、ミクロトームという機械で薄切りします。続いて、赤筋、白筋の性質を見るために、化学的な処理を行います。少しだけ難しく書くと、筋肉を構成する小さな単位としてミオシンという筋原線維があります。筋肉の性質は筋原線維の活動によって決まります。筋肉は筋原線維の働きによってエネルギーであるATPをつくり、分解します。筋肉の機能を見るには、これ

ミクロトーム：生物試料を顕微鏡でみるために一ミリの百分の一くらいまで薄く切る特殊な機械。

ATP：アデノシン三リン酸とも言って生体内に広く分布し、リン酸一分子が離れたり結合したりすることで、エネルギーの放出・貯蔵、あるいは物質の代謝・合成の重要な役目を果たしている。

を目安に機能性の高さを評価します。結論としては、ミオシンATPase

活性が酸性で安定、アルカリ性で不安定だと赤筋、その逆だと白筋となり

ます。

というわけで、複雑な処理の過程を経て、カラスの筋肉のタイプがわかりました。カラスの胸筋は、翼を下げる浅胸筋の約七十五パーセントが白筋Ⅱa型で、約二十五パーセントが白筋のⅡb型でした。一方、翼を上げる深胸筋の約七十パーセントが白筋のⅡb型、残りの約三十パーセントがⅡa型で、おおまかに見て百パーセントが白筋だということがわかりました。

赤筋に近い性質をもつⅡa型が浅胸筋の七割以上を占めているのが興味深いポイントです。前述したように、カラスはトビほどではないものの滑翔飛行ができます。滑翔には持続的に働く筋肉が必要です。羽を広げ、持続的にゆっくり空気を滑らすには、赤筋の性質をもつ白筋Ⅱa型を七割ほどもつ浅胸筋が翼をたたまないで広げたまま維持することと、浅胸筋のⅡa型が翼を水平レベルまで上げてそこで固定するという、二つの筋肉の連携の結果とも考えられます。また、ヒラヒラと翼をしなやかに絶えず羽ばたかせるときや、急いで風を切る音を出して飛ぶときには、羽を短い時間に繰

ミオシンATPase：ATPを加水分解して、アデノシン二リン酸と無機リン酸を生じる反応を触媒する酵素の総称。つまりATPのエネルギー生産を助ける酵素。

り返し上下させるために、浅胸筋および深胸筋に白筋の成分が必要になるのでしょう。

ここでカラスの筋肉を、大空にゆったり円を描いて旋回しながら飛ぶトビの筋肉と比べてみましょう。注 トビの浅胸筋は赤筋が十パーセント、白筋のⅡa型が六十パーセント、Ⅱb型が三十パーセントで、深胸筋は赤筋が二十パーセント、白筋のⅡa型が六十五パーセント、Ⅱb型が十五パーセントでした。トビは滑空型の見本のような鳥ですから、翼を固定するときに働く、辛抱強くて長く働く赤筋が二種の胸筋に含まれているの

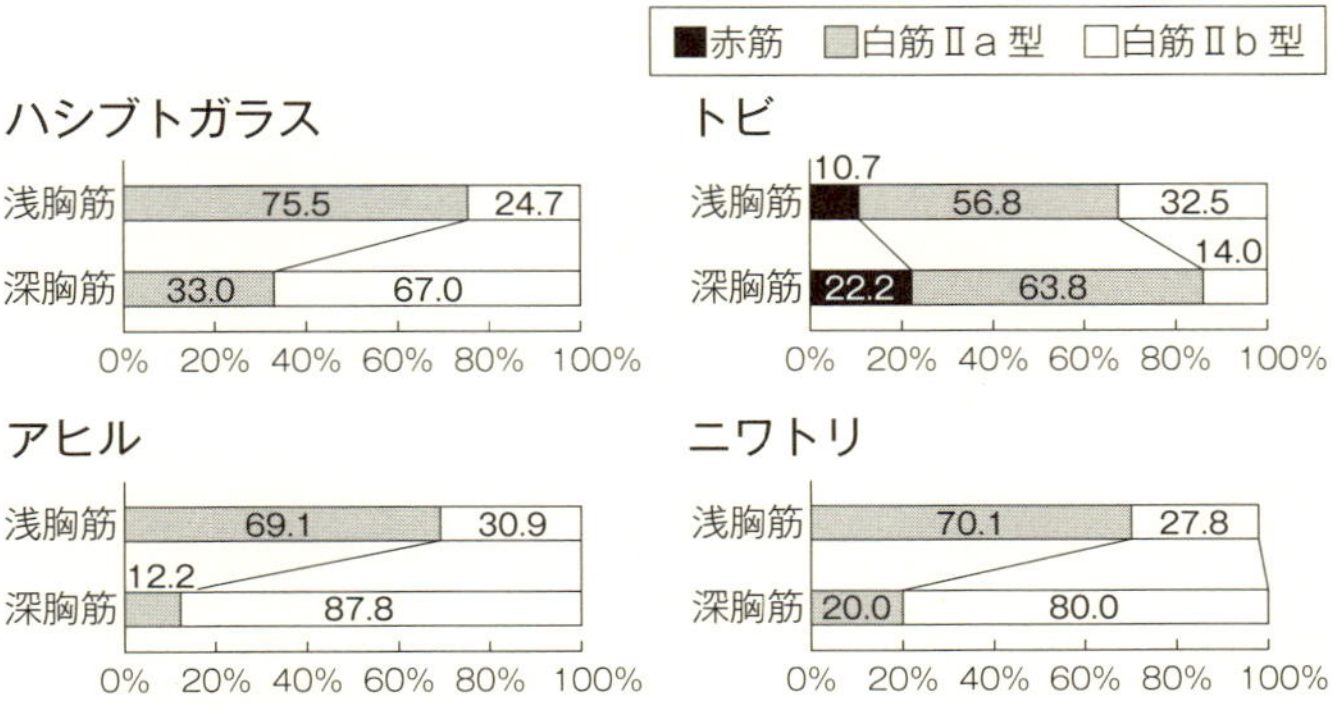

各鳥の筋繊維型の比較。生活スタイルの違いからか、鳥によって割合が異なる

注：カラスの筋肉の研究をする際に、ほかの鳥と比較しながらカラスの特徴を明らかにしようと考えていたので、県の自然環境課に対して、傷病鳥が保護センターに持ち込まれたときに、すでに重体で復帰どころか救えない鳥があれば譲ってもらうよう手続きをしていました。そのおかげで、トビやカモの死体も新鮮なものが手に入る体制になっていました。

は、とても理にかなっているように思えます。それでは家禽であるニワトリやアヒルはどうでしょうか。なんとニワトリでは赤筋がなく、深胸筋と浅胸筋では割合が異なりますが、白筋のⅡａ型、Ⅱｂ型だけでした。ニワトリはなぜ赤筋がなくて白筋だけなのか？　ニワトリは飛べなくなった鳥で地面での生活が多く、そもそも翼も小さい鳥です。いざ緊急体制の際は瞬時にバタバタっと羽を羽ばたかせる様子を見るので、確かに白筋の方が良いように思います。実はアヒルも赤筋がなく白筋のⅡａ型とⅡｂ型のみです。アヒルの飛ぶ姿を見ると、これまた忙しく羽を動かします。まさに羽ばたき型で、かつ早回転の飛び方です。その動きからみれば、白筋のみでも理屈は成り立ちます。

カラスの翼

飛翔には翼が大事なことは言うまでもありません。なんといっても翼あっての鳥です。翼にはまず、風切羽《かざきりばね》という飛ぶ際に揚力《ようりょく》をつくる主たる羽があります。風切羽には初列風切羽《しょれつかざきりばね》と次列風切羽《じれつかざきりばね》の二種類あり、八～十枚の初列風切羽は手根《しゅこん》と中手骨《ちゅうしゅこつ》に付着、七～九枚の次列風切羽は尺骨《しゃっこつ》に付着して、合わせて十八枚ほどついています。一枚の羽を見ると中心に羽軸があり、その羽軸から約二百五十本の羽枝が内側、外側に向かって出ています。そして羽枝の内側に向かう集団を内弁、外側に向かう集団を外弁と言います。カラスの抜け羽は割とよく見かけますが、風切羽の外弁は翼の外側にいくほど割合が小さくなりますので、羽軸を中心にみて極端に片側が狭いのは初列風切羽の可能性が高いでしょう。隣同士の内弁と外弁は重なり合い、全体として屋根瓦のようになっています（第三章参照）。カラスの翼はその連続の結果としてできあがっているのです。なんとも見事な設計ですね。この重なりがなければ、空気は羽と羽との間を抜けてしまい、翼としての機能はなくなってしまいます。

翼の大きさですが、広げた状態で幅を計ると一メートル強、翼の面積は大きく広げた両翼を合わせると約千四百平方センチメートルになります。団扇《うちわ》の面積は約四百平方センチメートルですから、その三・五倍です。

揚力（ようりょく）：流体中を運動する物体に対して、その運動方向に垂直で上向きに作用する力。翼のような薄板を流れにやや上向きに動かすと、流れを下向きに変え、その反作用として上向きの力を受ける。

四百五十～八百グラムの体で、羽ばたきながらその広い翼で空気を蹴《け》って、揚力をつくっているのだと思うと、団扇で仰《あお》いだくらいで疲れたなんてぼやいていられませんね。

この翼が空気を受ける仕組みは、微細なところまでよくできています。二百五十本あまりの羽枝一本一本を見ると、その羽枝からさらに数えきれないほどの小羽枝が出ています。これらの小羽枝がさらに羽枝の小さな隙間を埋めています。小羽枝には鉤があり、隣の小羽枝をひっかけて連結させているのです。風切羽たちは隣同士重なって翼の一体感をつくっているのですが、さらに小羽枝は隣と噛み合うことで一体感をつくっているわけです。風を切る、風にのる、風を打つ翼は、見事までに繊細な仕組みで一体化しているのです。

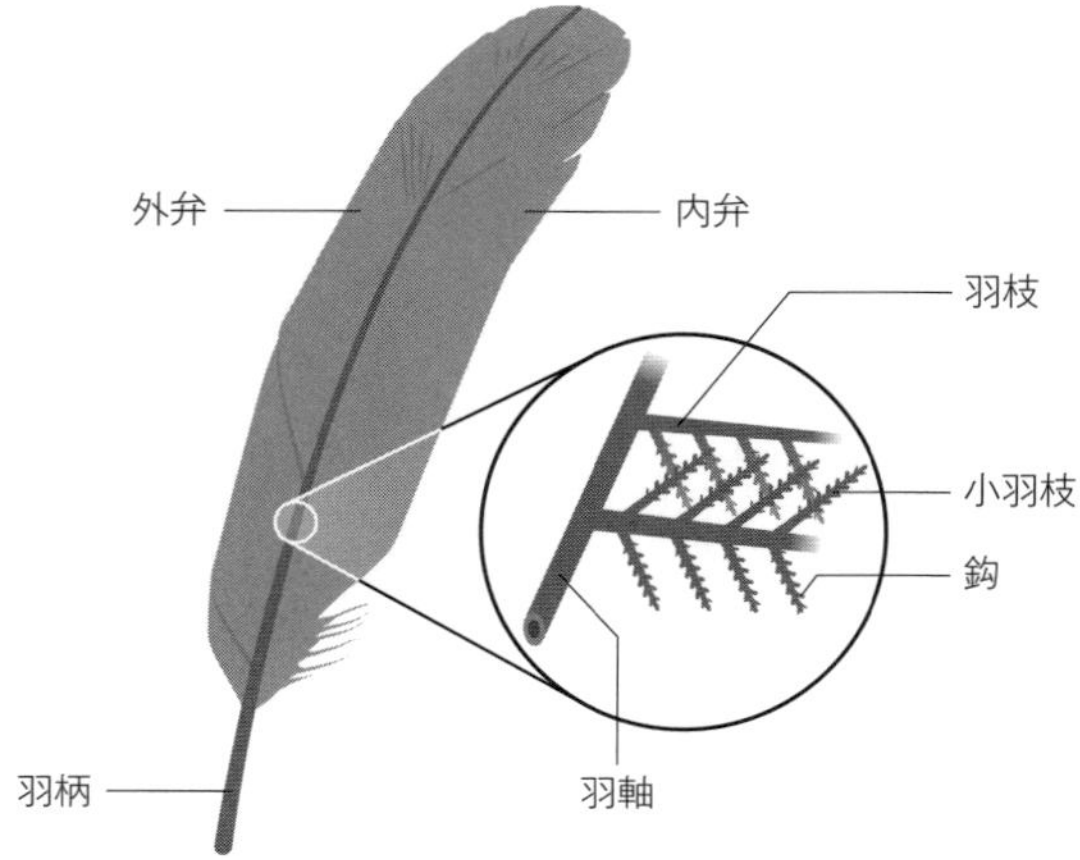

翼のつくり。羽根ペンなどに使われるいわゆる鳥の羽根は、風切羽であることが多い

カラスの羽色の性的二型

当然のことですが、カラスの羽はどれも一様に黒いので、見た目でオスとメスの区別を見分けることはできません。しかし、多くの鳥は、羽を飛ぶためだけでなく、異性へのアピールに使います。身近で典型的な例はキジで、私の住んでいる地域は自然が豊かですので、春先は散歩中にオスのキジが美しい色彩の羽装《うそう》で「ケーン、ケーン」となわばりを主張している姿を見かけます。キジのオスはメスに比べ羽装がとても鮮やかです。カモのオスも、メスよりも綺麗な羽装をしています。ですので、あるときから「もしかしたらカラスの羽にも性的二型があるのでは？」と気になりはじめました。そんな思いでカラスを見ると、決してカラスは体全体が同じ強さの黒一色ではないことがわかってきました。首筋の付近は、黒いがやや紫帯びていて光沢が感じられます。また、風切羽にも黒紫の光沢があります。それも、光沢が強いカラスとそうではないカラスとがいたのです。

カラスをほかの鳥と同様に、見た目だけで雌雄《しゆう》判別できたら、それは凄い発見ですし、行動観察にも力が入ります。オスの求愛給餌《きゅうあいきゅうじ》（エサを貢《みつ》

求愛給餌（きゅうあいきゅうじ）：異性を引き付けるための求愛行動の一つ。鳥類などで一般的にオスがメスに対して獲物を与える行動が知られる。

ぐ行為）や、綺麗な羽を広げてダンスを踊るなどの行為が見られれば、どちらがオスでどちらがメスかがわかります。これまでは、とにもかくにも黒装束ということで、外観からはオスかメスかを区別できませんでした。しかし、何やら糸口が見えてきたのです。見れば見るほどに光沢のあるカラスとそうでないカラスがいることがわかってきました。そのうち、研究のため解剖するカラスあるいは有害鳥獣対象で駆除になったカラスを解剖する前に、羽および体全体の雰囲気からオスメスを見当付けて解剖するようになりました。そして、解剖結果と羽の光沢具合での予想を照らし合わせると、およそ八十パーセントのカラスの雌雄判別ができるようになりました。これにすっかり気をよくした私は、カラスの羽の性的二型の研究にも取りかかることにしたのです。

光の織物である構造色

クジャクのように色彩豊かな鳥でも、カラスのように真っ黒な鳥でも、鳥の羽には色をつくる色素はありません。鳥の羽色は、羽のなかにあるメラニン顆粒の配列の違いと、光の反射によってつくられています。これは

メラニン顆粒（めらにんかりゅう）：色素細胞内などで形成されるメラニン色素を含む顆粒。毛髪や動物の体毛に多く含まれる。

構造色と言って、コガネムシやタマムシなどの昆虫や、シャボン玉、コンパクトディスクの表面の色などと同じ原理です。

例えば、オスのクジャクの羽では、部位によって異なりますが径が百六十〜二百十ナノメートルのメラニン顆粒が、五〜十個にわたって規則正しく地層のような層をなして配列しています。太陽光の様々な波長は、メラニン顆粒のそれぞれの層によってふるい分けられ、反射して出てきます。反射の光が刺繍《ししゅう》をするかのように光を織りなして羽色を形成するのです。つまりは、クジャクの羽の眩《まばゆ》い色は光の織物であり、実際の色素はない幻の色なのです。一般にメラニン顆粒が小さく、層が多いほど綺麗な色を織りなすことができます。鳥では、色彩豊かなオスでメラニン顆粒層が多く、地味な色合いのメスではメラニン顆粒層は薄いか、まったくないことが多いのです。

A

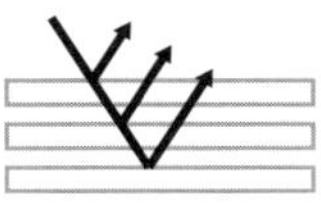

多層膜干渉：特定の入射、反射方向に対して決まった波長の光だけ強く反射され、角度によって色が異なる

B

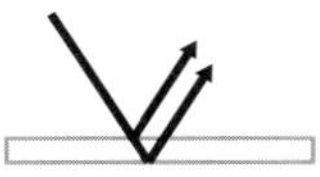

薄膜干渉：薄い膜に反射された光は干渉して波長により強め合ったり弱め合ったりする

構造色は光の織りなす幻の色。光の散乱、干渉、回折が物体の表面で起こり、構造色と呼ぶ現象が発現する

羽にみるオスらしさ、メスらしさ

カラスはクジャクとは比べ物にならないほど地味な鳥ですが、この構造色の考え方で、オスとメスを区別できないかに興味を覚え、その謎解きをすることにしました。カラスの羽は二百数十本を超える羽枝でできていて、その羽枝からはさらに小羽枝が出ています。羽を詳細に観察してみると、ハシブトガラスでは、羽枝の数がオスとメスでは異なることがわかりました。オスで平均二百六十二本あった羽枝が、メスでは二百五十本しかありませんでした。当然、数が多いので羽枝の間隔も狭くなり、きわめて密接な隙間ができます。さらに、小羽枝のもつ鈎がオスでは二十四マイクロメートルであるのに対し、メスのそれは四十マイクロメートルと長かったのです。これは何を意味するのでしょうか？　鈎は隣の小羽枝にひっかけて一体感を出すのに一役買っていることを考えると、オスの方が鈎が短いので、小羽枝の密度が高いことが考えられます。やはりほかの鳥と同様、オスの方が羽の構造がきめ細やかなのです。人間で言うなら艶《つや》やかなお肌ということです。このきめ細やかな羽を、今度は電子顕微鏡で覗いてみましょう。カラスの羽にも構造色はあるのでしょうか？

そもそも、構造色の発色には二つの種類があります。クジャクの羽のようにどこから見ても同じ色を示すものは発色光と呼ばれ、羽枝から出る光が色彩を織りなしています。一方で、シャボン玉やコンパクトディスクのように見る者の角度によって色が変わるものもあって、鳥の場合、これは小羽枝がつくり出しています。カラスの羽は後者の仕組みで構造色をつくっています。

カラスの小羽枝の断面を電子顕微鏡で見てみると、オスは羽の表面直下に一層のメラニン顆粒層がありました。メスのそれにももちろんメラニン顆粒層はありましたが、オスのように規則正しく配列されていませんでした。さらに、オスの羽の外弁をつくる小羽枝のメラニン顆粒の密度は、内弁の小羽枝の約二倍高かったのです。外弁は体表に出ている部分が多いので、外観上の羽の光沢に現れます。見る角度でやや紫艶が出ているのは、これが原因なのでしょう。まだ部分的な解明ですが、カラスの羽にはやはり性的二型があり、互いに見初め合う際のコミュニケーションツールになっていると考えられました。

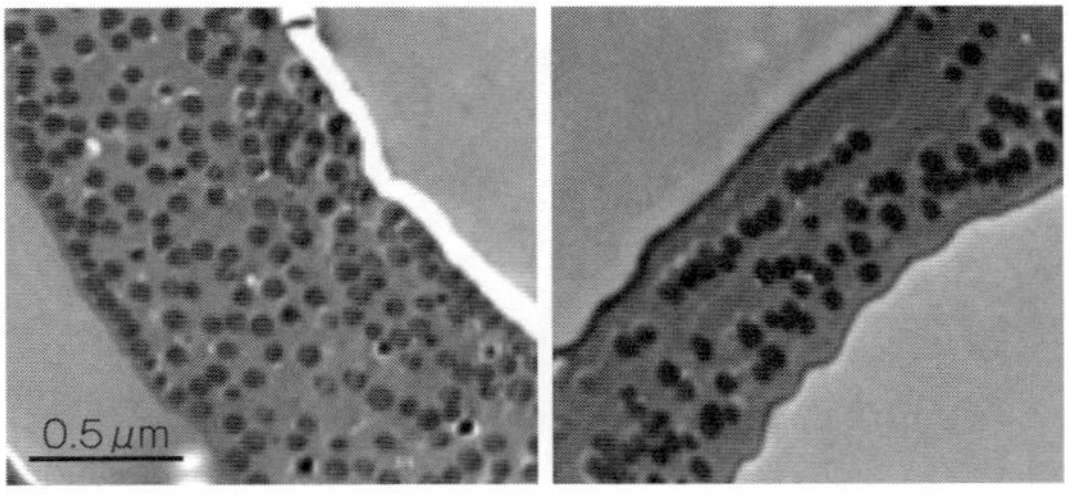

小羽枝の断面の電子顕微鏡写真。左がオス、右はメス。オスではメラニン顆粒が並んでいるが、メスではそれが少なく、顆粒の整列がみられない

飛翔に適したカラスの呼吸器

鳥は本来飛ぶものですが、飛翔時の呼吸量は相当なものです。ですから、肺も哺乳類より体の大きさに比べて大きくできています。哺乳類の肺は胸腔内に収まっています。カラスの肺も同じく胸腔内には収まっているのですが、肋骨と肋骨の間にも深く入り込んでいる部分もあり、無駄なく収納されています。

多くの鳥の肺は頚《けい》気嚢《きのう》、鎖骨《さこつ》間気嚢《きのう》、前胸《ぜんきょう》気嚢《きのう》、後胸《こうきょう》気嚢《きのう》、腹《ふく》気嚢《きのう》など、大きく九個の気嚢とつながっています。このうち、腹気嚢と後胸気嚢は吸い込まれた空気を体内に貯めるところです。これら気嚢は内臓や肋間筋の間、特に頚気嚢の一部は頚椎横突孔を通り脊髄上腔や骨質中にまで進入し、多量の空気を含める仕組みになっています。

ところで、鳥には哺乳類が持つ、肺を膨張させたり、収縮させる横隔膜はないのです。そのために、息を吸い込むときは胸骨を下げ、吐くときは胸骨と肋骨を縮めて気嚢を収縮し、肺から空気を押し出します。肺はいつでも酸素が豊富な空気で満たされています。

カラス豆知識 7

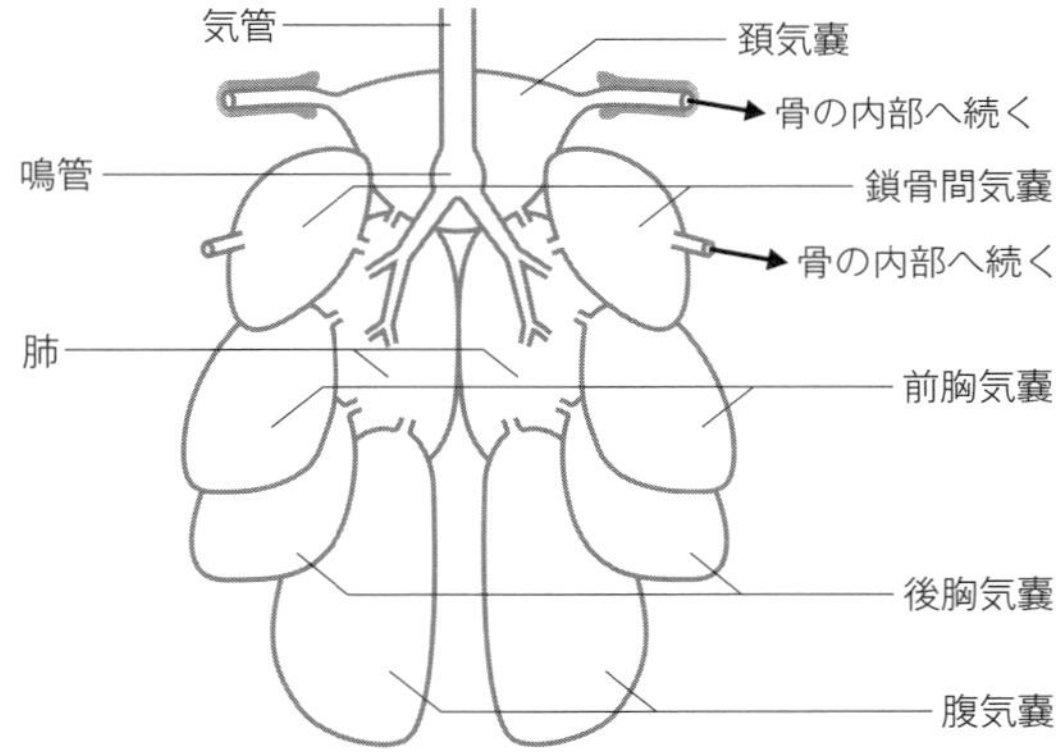

（『鳥　優美と神秘、鳥類の多様な形態と習性』シーエムシーより作図）

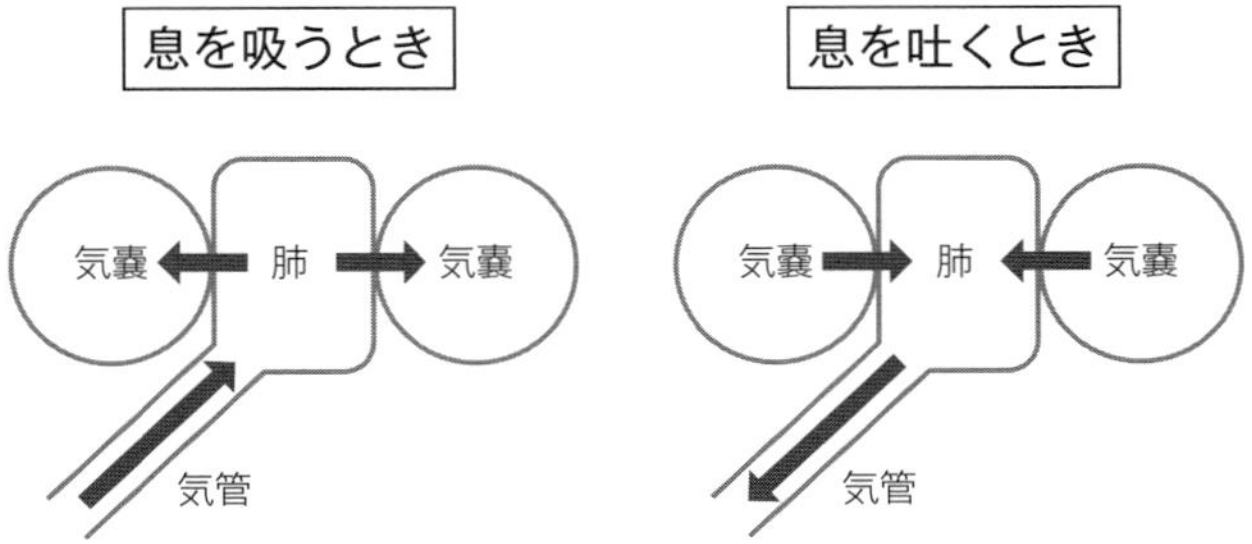

酸素の流れを矢印で示した模式図。息を吸うときにも、吐くときにも肺は酸素で満たされている。

カラスを食べる

中国や韓国では、カラスの肉が滋養強壮剤になるとしてカラス食の文化があったようです。日本にもカラス田楽《でんがく》といって、地域によってはカラス食の文化があったことを感じさせます。幸い、うちの大学にはアミノ酸や栄養の専門家もいますし、アミノ酸分析器などの先端機器もあります。みんなで寄り集まってカラスの筋肉の栄養的価値を調べてみたところ、とても興味深い結果が得られました。

ハシブトガラス、ハシボソガラスの深胸筋と浅胸筋から三十二種類の遊離アミノ酸と、二種類のジペプチドが同定されたのです。なかでも、タウリンという遊離アミノ酸が四十〜五十パーセントも含まれていることがわかりました。これはニワトリの七パーセント、カモの六パーセントと比べて非常に高いのです。タウリンは滋養強壮剤や栄養ドリンクのなかにたくさん配合されていて、消化や神経伝達、活性酸素の抑制などに大きく貢献する物質としても知られています。要するにカラス肉は健康にとても良いということです。それが多量に含まれていますので、昔の人々がカラスを食べたのも、経験的に健康に結びつくことを察知していたからかもしれません。

カラス豆知識 7

カラス肉については、こうした栄養学的見地からばかりでなく、今流行りのジビエという視点から見てもおもしろいですね。第六章でも登場した私の教え子である塚原君は『本当に美味しい　カラス料理の本』という本を出しました。その本のなかにはカラスの焼き鳥からはじまり、カラス肉の餃子、ローストクロウ（ローストビーフ的な）まで、実に十品のレシピが紹介されています。フランス料理にもカラスの料理があるくらいですから、カラスを食べたからといって野蛮人というわけではないでしょう。

塚原君の出したカラス料理の本。
GH社から販売中

第八章

カラスと人間のこれから

カラスの事件簿

現代のようにカラスが人から疎《うと》ましがられるというか、積極的に否定されるような立場になったのには、もちろん理由があります。古くから人と付かず離れずの生活をしているものですから、人との間に農作物への食害、騒音、糞害、送電障害などの問題を起こし、様々な軋轢《あつれき》を生じてきました。本章は、そのような問題行動の具体例を紹介することで、カラスとの向き合い方を考えるヒントになればと願って書くことにしました。まずは、カラスによって起こった事例を「事件簿」として紹介します。

カラスが裁判の論点に

ある日、私のもとに弁護士事務所から電話が入りました。何事かと構えて対応すると、カラスがこんなことにもかかわるのかと驚く話が出てきたのです。具体名は挙げられないのですが、結論から言うと、某化学薬品会社が某電力会社に損害賠償を求めるというのです。そして、それにカラスが関係していました。事件の概要は次の通りです。

化学薬品会社の化学プラントの電圧が乱れたため生産ラインがうまく流れず、発生した有毒ガスが近くの住宅地にまで漏れ出て住民に健康被害が出ました。そして、その送電障害の原因がカラスの巣というわけです。「電力会社がカラスの営巣を未然に防ぐよう管理をしていればこの事故は防げたのではないか？　責任は電力会社にある！」と訴えられたようです。

さて、私にかかってきた弁護士からの電話とは、「カラスの営巣は予測できることなのか？」という質問でした。つまり、予測できることであれば、被害が起きないように営巣防止策あるいは巣の撤去などの策が講じられ、停電を未然に防ぐことができる。それを行わなかったため事故が起きたのだから、化学薬品会社は損害賠償を電力会社に求めることができるというものです。一方で自然災害のように予測できなければ、損害賠償請求も難しいことになるわけです。

カラスは毎年同じ場所に巣をつくる場合が多いので、「予測がつく」という考えも十分成り立ちます。弁護士は専門家の意見として裁判で戦うと

化学プラント（かがくぷらんと）：化学製品を生産する工場施設や装置。

きの裏付けとして、意見書がほしいとのことでした。私としては、一応の見解としてカラスの巣づくりの習性など意見書としてまとめざるを得なくなり、困ったことを覚えています。

なお、この裁判は二〇一〇年時点ではまだ決着がついていないようです。「〇〇電力カラス巣作り訴訟」としてインターネットで参照できます。

警察署からの電話〜カラスは犯人か?〜

カラスという生き物を対象にしていると、普段は考えもしないところから問い合わせがあります。その問い合わせのなかでも比較的多いのが警察です。ここでは警察からの問い合わせを三件紹介します。あまりに事件性が濃いものは、ややボカした紹介になりますのでご了承ください。

悪質ないたずらの犯人

一件目は広島県で起きた駅前の花壇荒らしです。警察からの電話によると、近所の慈善団体が駅前の花壇に季節の小花を植え込んだのですが、それがある朝、全部引き抜かれてしまったそうです。それが何度か繰り返されるので、悪質ないたずらだということで、警察に届けがありました。警察による幾度かの張り込みで、犯人は人間ではなくカラスであることがわかりました。早朝に、カラスが植えたばかりのスイトピーをつまんでは引き抜き、つまんでは引き抜きを繰り返していたというのです。

警察から私にきた問い合わせは、「カラスはそのようなことをするのか?」というものでした。カラスの種類までは警察にもわからなかったようですが、この質問に対しては「カラスの遊びと考えられる」とお答えしました。というのも、植えたばかりの苗を、食べるわけでもなく引っこ抜かれて困るという話を農家さんからたびたび聞いていたのです。農家さんから聞いた話では、ハシボソガラスによるものが多いようでした。

このような話を考察するに、植えたばかりの苗であれば、早苗の根にある種もみを食べるため引っこ抜いているようにも思います。そんな生活経験が遊びになったり実益になったりするのでしょう。結局、この花壇荒らしのカラスたちに対しては、人海戦術でなんとか対抗したようです。

カラスに死体遺棄容疑

二件目はなんと刑事課からの問い合わせでした。刑事課から電話がきたというだけで、悪いことは一切していない私もなぜかドキドキしてしまいました。刑事さんらしき男性の声で「杉田教授ですか？」ときたのです。内心、「酒でも飲みすぎて何かやらかしたか？」とつい弱気になりました。私のところに訪ねてきたいとのことで、ますます不安になりました。恥ずかしながら記憶がなくなるほどお酒を飲むことがあるので、そういった類の人間はこんなときは不安にかられます。午前中に電話があり、午後には尋ねてきたいというので、時間をつくりました。刑事さん二人がやってきましたが、最初の挨拶の雰囲気で、どうやら私に嫌疑がかかっているわけではなさそうだとわかり、落ち着いて対応できました。

刑事さんのお話は、何とも恐ろしいものでした。胎児の頭部が民家の庭先で発見されたというのです。ご丁寧に写真まで見せてくれました。私は医学部時代に人体解剖を何度もやってきましたので、こういった写真にはそんなには抵抗がなかったのですが、普通の大学教員ならさぞ寝つきが悪くなったことでしょう。胎齢はわかりませんでしたが、重さは数百グラムとのことで、写真からみるとすっかり人間の形をしていました。少し啄《ついば》んだような傷が頬にあります。事件とはまったく関係がないと思われる民家の庭先で見つかったので、カラスか猫がどこからか運んできたのではないかと推測されているようでした。

カラスが二百〜三百グラムの弁当を袋ごと持ち去る話を聞いていたのと、ハシブトガラスなら一キログラムくらいのものなら引っ張る力があることから（第三章参照）、カラスが運んだ可能性はあるとお答えしました。また、猫や犬なら安全なところに運び込んでから頬肉などを引きちぎって食べると思いますが、胎児の頭部にはさほど傷がありませんでしたので、ハシブトガラスが発見し、それこそ安全な場所に運び去る途中で落下させてしまったのではと考えました。ハシブトガラスは道路でひかれた猫やタヌキなどの重くて運べないものはその場で啄んでいますが、運べるものは安全な場所に運んでから食べます。おそらく、誰かが産み落としてゴミと一緒に出したものをカラスが見つけたのでしょう。カラスの捕食の習性の話を聞き、刑事さんたちは事件との関係性について、死体遺棄事件として捜査を続けるとのことでした。

カラスの宝石泥棒

三件目は警視庁管区の警察署からの電話でした。家を留守にしている間に二階が物色され、指輪がなくなったとの被害届があったそうです。玄関の錠は掛けていたものの二階の窓は開けたままだったそうで、帰ってきたら二階が荒らされていて指輪がないことに気付き、慌てて一一〇番通報したという流れのようです。当然、近所も騒然としますし、聞き込みもありました。

この事件では、「玄関が閉まっていて二階だけが荒らされた」というところがポイントです。聞き込みにより、お隣さんが二階にカラスが出入りしたのを見ていることがわかりました。警察からの問い合わせの内容は、「カラスが民家の二階に入り、指輪を盗んでいくことがあるのか?」というものでした。このときは目撃証言がありますし、窓の開け方次第では可能性がないとは言い切れないと回答しました。

家畜への傷病被害

カラス、特にハシブトガラスは畜舎にも出入りします。とりわけ牛の飼料に含まれるトウモロコシなどが好きで、また牛の糞などには未消化の食べ物がたくさん含まれています。そのような面からみると、カラスにとって牛舎はとても良い場所です。そのカラスが、時々とんでもない悪さをします。きっかけはわかりませんが、牛の皮膚を突き、場合によっては太い血管を突き破って出血死をさせてしまう場合もあります。これは北海道では時々起こる事故で、突かれた乳頭の傷口から感染が広がり、廃用《はいよう》にせざるを得ない場合もあるようです。例えば牛が何らかの原因で小さな傷をもっている場合、ハシブトガラスがそれをつつき、傷口を直径数センチメートルで深さもある大きな傷に広げ、それが再び攻撃対象となり、やがて感染して膿み、乳腺《にゅうせん》や乳房《にゅうぼう》まで感染が広がり、最終的には敗血症《はいけつしょう》で乳が出なくなり、衰弱が進み予後不良の状態となります。

また、傷がなくとも子牛の目や肛門などの柔らかい部分が狙われる場合もあります。沖縄県八重山《やえやま》地方は石垣牛というブランド肉牛の生産の盛ん

廃用（はいよう）：乳牛などで、病気や怪我などでその役目を終えると、食肉や肥料、革製品などに利用されるため、と殺される。

敗血症（はいけつしょう）：血液に菌が入って全身に回り、重い症状に陥った病気で、高熱や疼痛を起こし、生命にかかわる。

な地域ですが、やはりカラスが子牛をつつき傷害を与える被害が出ています。このように畜産農家にとって、ハシブトガラスの接近は、深刻な問題です。

牛以外でも、公園の小鹿がカラスにつつかれると相談が入ったこともあります。やはり、産まれて間もない幼獣が被害に遭いがちで、目や肛門などを執拗につつかれ出血死をしたという相談でした。このような場合は、早期に屋内舎で隔離して飼育するほかないでしょう。

電柱への巣づくり

二〇一六年五月三日の読売新聞石川版によると、北陸電力が二〇一五年二～五月に電柱から撤去したカラスの巣は一万六千五百八十八個とのことです。また、巣などが原因となった停電の発生は、年間およそ六件程度とありました。東北電力新潟支店管轄だけでも二〇〇九年には三千七百二十一個もの巣が電柱から撤去され、営巣による停電が十三件あったようです。

これはいくつかの電力会社の例ですが、私の知る限り、日本全国の電力会社がこれと同じか、それ以上の数の巣を電柱につくられています。このために、各電力会社は何万本とある電柱を巡回パトロールし、停電を起こしそうな巣を撤去しているのです。ある電力会社は、営巣防止に年間数億円の経費をかけているとも聞いています。日本には北は北海道電力、南は沖縄電力まで主要電力会社は十社ほどあります。ですから、営巣を未然に防止する策が当たれば、その市場は大きく、開発した企業は一気に一部上場になるかもしれません。

街の中心部での糞害

最近、東京ではなく地方都市にカラスが集まり、地域の方々が非常に困っているようです。例えば、二〇〇七年二月九日の河北新報の記事によると、宮沢賢治の故郷である岩手県花巻市で、市役所などが並ぶ中心地に約一万羽のカラスが日没になると集まり、電線や建物の屋上を占拠して大量の糞を落とし、歩道を汚すばかりでなく通行にも障害が出ているというのです。また、二〇一五年の読売新聞長野版には、長野市中心部で数百羽のカラスが群れをなし、道路が糞で汚れ、鳴き声がうるさいなどの苦情が寄せられているといった記載があります。さらに二〇一六年二月六日の河北新報では、青森市のカラス害が取り上げられています。どのケースも中心市街地にカラスが集団で現れ、糞の臭いや鳴き声がうるさいなどの苦情が出ているようです。

このように地方都市においてカラスが集団化して問題になるケースは、全国でみられます。私が調査・講演などで訪れた似たような問題を抱える自治体は、金沢市、甲府市、山形市、会津若松市などがあります。多くは秋から冬にかけての現象で、おそらく地方都市が冬ねぐらという位置付けになっているのでしょう。冬は自然環境、エサの確保などが厳しくなる季節です。分散して生活していたカラスは、状況が厳しくなるとより良い場所を求めて集まります。カラスの棲息《せいそく》地としてエサ、気候、集団を受け入れる環境などが良いためか、昨今のカラスは山に帰らないのです。鉄塔や電線に横並びの何百羽ものカラスを見ると、たしかに快適そうです。

太陽光パネルを割る

東日本大震災以降、自然エネルギーを使う動きが加速されました。もちろんそれ以前から環境問題を考え、風力や水力などを利用した発電が求められていました。福島第一原発事故による放射性物質の拡散は空前絶後のものでしたから、世間が一気に反原子力となる機運も無理がありません。そんななか、全国各地の空き地や休耕地で太陽光エネルギー発電のパネルの設置が進みました。私の家周辺の休耕田も太陽光パネルでいっぱいです。ところが、そのパネルにカラスが興味をもったようです。二〇一五年十月六日の中日新聞の中部経済面で、愛知県半田市に設置された太陽光パネルにカラスが石を落として割るという記事が掲載されていました。二年余りですでに五十五枚の交換があったようです。実はこのようなことは関東でも起きていて、私のところにも数社から相談がありました。

カラスはもともとクルミや貝を落として殻を割って中身を食べることができます。石を拾い上げ落下させる行為は、一部クルミ割りの行為に似ていますが、石が食べ物でないことはカラスもわかっていると思います。パネルに石が当たってはじける様子に興味をもった遊びの一種かと思いますが、実際のところ、カラスの真意はわかりません。

光ファイバーを切断する

新聞記事としては新しくはありませんが、二〇〇六年六月十七日の読売新聞社会面に、光ファイバーの被覆《ひまく》が剥《は》がされ、なかの繊維性のファイバーが喰いちぎられて持ち去られたという記事がありました。光ファイバー網を有している東京電力によると、二〇〇五年にカラスによるこのような被害は六百八十九件、NTT東日本では七百件の被害があったとのことです。狙われる場所は幹線から家庭用回線を分ける分配箱の周辺が多いとありますから、カラスはケーブルの強度をわかっているようです。また、春先にこのような被害が多くみられるとのことですから、巣材に使われていると考えられます。光ファイバーがたくさんの細い繊維でできていることに気が付き、巣の中心部に使えることを学んだのでしょう。

話は少し変わりますが、ビルの屋上に設置する室外機の断熱材も、カラスは好んで齧《かじ》ります。室外機は空気を冷やして送り込むためパイプの周辺の外気が冷やされ結露が生じます。その結露が屋上から建物内に滲《し》みこんできますので、通常は外に面しているパイプの周囲を断熱材で巻いてパイプと外気が接しないようにしています。ところが、断熱材は発砲スチロールのようなものでできていて、言わばつつくのにちょうど良い感触なのか、屋上のほとんどの室外機の断熱材はカラスに突かれてボロボロになっているケースが多いのです。本学の屋上のものも例に漏れずボロボロです。第三章でも少し紹介しましたが、カラスに破られない断熱材のカバーを大手電工設備会社と共同研究したこともあります。それだけこの問題も業界にとっては重要な課題になっているのです。

車あらしの犯人はカラス

ある地域でたびたび車のワイパーのゴムが引き抜かれる事件が起きました。それも一台ではありません。同じ駐車場の車何台かが、同時に繰り返し被害に遭いました。車を狙った悪質ないたずらということで、警察沙汰になりましたが、警察が張り込んでいてもなかなか犯人が現れなかったようです。そこで防犯カメラを設置し、しばらく警戒体制をとっていたところ、なんとカラスが車のフロントに乗り、ワイパーのゴムを抜く姿がカメラに映ったのです。

日本を代表する大手車メーカーも、この事件に似たカラスのいたずらで頭を痛めています。組み立てが終わり、販売の流れに乗る前の新車は、モータープールと呼ばれる広大な敷地に野ざらしのまま置かれています。新車ですから外側はラップのように密着シートを張り、汚れが付かないようにします。ところが、カラスがその密着シートを剥《は》がしたり、ドアパッキンのゴムを噛み壊してしまうのだそうです。密着シートだけならまだしも、パッキンをやられると部品を交換しなければならず、新車は工場に後戻りです。これは労力的にも経費的にもかなりの痛手のようです。そんなわけで、車メーカーの方がどう対策したら良いかと訪ねて来られたのですが、残念ながら妙案は伝えられませんでした。

カラスとどう付き合っていくか

以上のように、カラスが引き起こす問題はたくさんあります。ここでは比較的変わった事例を紹介しましたが、ほかにも校庭や園庭の水場の石鹸《せっけん》やゴルフボールを持ち去る話や、農作物への食害、ゴミ集積所の散乱など、日常に見られる問題行動はたくさんあります。ただ、こうして問題行動を並べてみますと、人間の近くにいれば食べ物には困らないし、マイホームもつくりやすいし、人間のつくる物はお宝であったりおもちゃであったりと、カラスたちが人間のそばで生活することのメリットを多く感じていることがわかります。これではカラスは山に帰るどころではありません。そうした場合、我々人間はカラスとうまく付き合っていかなければなりません。ここからは人間がカラスと付き合っていけるかどうかを考えてみましょう。ただ嫌っているだけでは付き合っていけませんので、何とか良いところがないか考えてみました。

カラスの良いところ

カラスに有益性などあるのでしょうか？　これまで私たちがカラスに頭を痛めてきたことを思えば、とても有益性など考えられないというのが現実です。私としてもいきなり「カラスの有益性は？」と聞かれてもそう簡単に答えは思い浮かびません。それだけカラスと言えば「問題あり」という固定概念ができています。しかし、冷静になって考えますと、カラスのやることなすことすべてが有害とは言い切れない点が多々あることがわかりました。

一つは害虫を退治してくれるところです。カラスの食性を思い出してください。田んぼや畑に害虫が出る時期、カラスの胃のなかを調べてみるとバッタやイナゴなどを食べているのがわかります。農村部で六～九月のハシボソガラスから吐き出された未消化物の八十パーセントは昆虫です。このように、カラスは人間にとっての害虫を退治してくれているのです。イタズラも多いので感謝されるまでには至っておりませんが、カラスによる害虫の補食があってこそ、イナゴやバッタの異常発生が防がれている可能能性があります。

　また、交通事故に遭い、腐りはじめた動物の死体をきれいに片づけるのもカラスの役目です。私はカラスが道路でひかれた猫や犬の死骸に群がって食べ尽くしている光景を幾度となく見ています。景観上あまり美しいものではありませんが、死骸がそのまま道路で腐り、悪臭を放つよりはましかもしれません。場合によっては死骸を人目に入らないような場所に運んでくれます。

カモを襲うカラス。カラスはほかにもスズメやネズミなど、一部の害鳥獣の抑止力になっている
　ほかにも、カラスは穀物を食べるスズメの巣を襲《おそ》って、ヒナや卵を食べることもあります。ときには野ネズミもカラスのエサとして捕食されます。カラスの存在は、一部の害鳥獣が極端に増えないようにする抑止力になっているのです。

このように、実はカラスにも良いところはあるのですが、全身真っ黒で身体の大きい容貌のせいか、我々人間に役立つことをしていても、なぜか嫌われてしまいます。これはカラスの立場で考えると少しかわいそうな気もします。同じく真っ黒な鳥である鵜《う》も、養魚場の魚を捕ったり、川の鮎を捕ったりして、目の仇《かたき》にされています。鵜といえば長良川《ながらがわ》の鵜飼いとして有名であるため、人の生活に役立つ益鳥《えきちょう》と考える方が多いのですが、この鵜飼いの鵜は海鵜《うみう》を飼い慣らしたものであって、人間の生活圏を荒らす野生の鵜とは異なるものです。害虫、害鳥を追い払う役割を果たしているカラスには、鵜のように人間から賞賛の声があがることはまずありません。もう少し首が長かったら、ヒトが鵜のように調教していたのかもしれませんが、それはカラスにとっては悲劇的な話かもしれません。

カラスと法律

カラスと向き合うにあたりどう振る舞うかが求められますが、憎きカラスであれ愛するカラスであれ、違法なことはできません。ここからは少しカラスに関する法律について紹介します。

鳥獣の保護及び管理並びに狩猟の適正化に関する法律

この法律は、一八九五年制定の狩猟法を前身とした「鳥獣保護及狩猟ニ関スル法律（大正七年法律三十二号）」を二〇〇二年に全面改正し、現在の名称となったものです。法の狙いは、生物多様性の確保、生活環境の安全、農林水産業の健全な発展です。ハシブトガラスとハシボソガラスはこの法律で狩猟鳥獣に位置付けられています（鳥獣の保護及び狩猟の適正化に関する法律施行規則第三条）。したがって、狩猟期間と狩猟方法を守り、狩猟禁止区域以外での狩猟であれば、許可を得なくても捕獲が可能

狩猟鳥獣（しゅりょうちょうじゅう）：狩猟の対象となる鳥獣で、鳥類はカワウ、ゴイサギ、マガモ、カルガモ、コガモ、ヨシガモ、ヒドリガモ、オナガガモ、ハシビロガモ、ホシハジロ、キンクロハジロ、スズガモ、クロガモ、エゾライチョウ、ヤマドリ、キジ、コジュケイ、バン、ヤマシギ、タシギ、キジバト、ヒヨドリ、ニュウナイスズメ、スズメ、ムクドリ、ミヤマガラス、ハシボソガラス、ハシブトガラスの二十八種。

で、捕獲されたカラスをその後どのように扱おうが捕獲者の自由です。いわば、食べることも飼育することも法的には規制する文言がありません。一方、非狩猟鳥獣として指定されている野鳥の場合は、所轄の都道府県知事より飼養登録を受けることが義務付けられています（第十九条）。

カラスを狩猟期間外に捕獲する場合は、管轄する役所への許可申請が求められます（第九条第一項）。どのような場合に許可が下りるかは都道府県により判断が異なりますが、狩猟期間外の飼養を目的とした捕獲は、現在、許可が下りません。研究や教育に使う場合は、「学術捕獲」として捕獲地管轄の知事宛に申請します（第九条第一項）。ちなみに私の研究室は、栃木県、長野県など罠を設置しているところや捕獲を行っている自治体に毎年申請しています。

春先、子育てで神経質になったカラスが人間を襲うなどがあることから、巣を壊すとか撤去することを考える人がいますが、それにも許可は必要です。つまり、巣のなかに卵やヒナがいる場合は、許可なく撤去することはできません。電力会社などは営巣による送電障害防止のため巣を撤去する場合がありますが、その場合も例外ではありません。もし違法に撤去した場合は、一年以下の懲役または百万円以下の罰金という重い処罰が下されます（第八三条第二項）。

巣を撤去したい場合は、地域の役所に許可申請を出す必要があります。停電の恐れがあり、カラスの営巣に神経を尖らせている電力会社も、卵がある、あるいはヒナがいる場合は申請のうえ許可を得ています。なお、カラスによる実害がない、またはこれから起こる実害が予想できない場合は、許可が下りません。巣の撤去を考えている方は、まずは最寄りの役所に相談するのが良いでしょう。この法律は私有地かどうかを考慮していないため、個人の庭であっても適用されます。

けがや病気のカラスの保護

野生傷病鳥獣については、各県で受け入れ施設がある場合が多いのですが、ドバトやカラスは対象外になっている地域もあります。しかし、カラスは身近にいる動物ですから、怪我や衰弱して発見されることも多く、このような場合、当事者は助けて良いものかそのまま放置したら良いのか悩んでしまいます。環境省の指針では「自然のなかで生と死を繰り返し生態系の一貫になっている。野生動物の傷病もそのなかにおいて終始するもの」とありますが、狩猟鳥獣においても「自然の掟に従い、傷ついた野鳥は放っておくべきだが、それでも命を救いたいという人がいるならば、その思いは尊重するべきである」という考え方になっています。

一方、傷病保護ではありませんが、巣から落ちてしまったカラスのヒナと出会い、放っておくと犬・猫に襲われるのではないかという心配から、ヒナを保護するという意識で、結果的には捕獲して飼育したいと考える人もいます。私も、「家の庭にカラスのヒナが迷い込んできた。あまり飛べないので捕まえて飼育したい」という相談の電話を何度かいただいていますす。しかし、病気も怪我もしていないヒナの場合は、本来なら前述の捕獲許可が必要ですし、何よりヒナと出会うような時期は狩猟期間外です。また、飼育したいという目的では許可はまず下りません。つまり、勝手に捕獲して飼育する行為は違法であり、一年以下の懲役または百万円以下の罰金という処罰が下されることになります（第八十三条第二項）。保護されたカラスは、狩猟期間外に許可を得ないで捕獲した狩猟鳥獣ということになりますので、その動物の処置は都道府県知事の判断にゆだねられることになります（第十条）。しかしこの条文のなかには、「必要な場合は」と処置の条件がありますので、現実的には処分を受けたりすることはないでしょう。ただ、保護した傷病鳥獣はペットではなく、あくまでも野生に返すものと認識する必要があります。

動物の愛護及び管理に関する法律

「動物の愛護及び管理に関する法律（動物愛護管理法）」は、「動物の虐待を防止して命を大切にすること（愛護）」と、「自分の飼っている動物が周囲に迷惑をかけないように飼養すること（管理）」という二つの目的からつくられた法律です。いわゆる犬、猫に限らず人間の飼育管理下にある家畜や実験動物など、多くの動物にこの法律は適応されます。したがって、許可を得て飼養している野生動物もその対象になります。

一九七三年に制定されて以来、一九九九年、二〇〇五年、二〇一二年と、三回もの改正を経てきました。野生動物であるカラスに対しても、捕獲後、虐待したり飛べない状態のまま放鳥したりという行為は処罰の対象になります。許可を得て罠などで捕獲し、いずれ殺処分するような場合においても、処分前は水や食べ物を与え、衛生環境などを整えておかなければなりません。どうせ処分するカラスだからということでエサもやらずに餓死させると、虐待行為として処分の対象になります。私も牧場などの捕獲現場に行くことがありますが、いずれは処分するものということで虐待に相当する状態にあるカラスに出会い、改善を指導することがあります。

カラス被害現場での対策

カラスと向き合うというか無視できない現場を具体的に挙げると、農業現場、電力会社、ゴミ集積所や都市部での騒音などきりがありません。ここで一つ一つ取り上げる余裕はありませんが、私の独断で日常性と深刻性の側面からいくつか取り上げ、そのなかでほかの分野に共通性を含みながら考えていきたいと思います。

酪農・畜産分野

カラスを完全にいなくすることは無理でも、家畜をカラスから守るための現実的な対応策は考えられます。ここでは、そのいくつかを紹介します。

牛への直接危害への対策

乳房周辺の静脈や乳頭へのつつきを防ぐ場合は、そこをカバーしてあげれば良いのです。つまり、カウブラジャーが効果的です。分娩牛への被害対策としては、後産《あとざん》を可能な限り早期に処理し、カラスに血の味を覚えさせ

乳房などへのカラスのつっつきを防ぐカウブラジャー。いずれにしろ患部は獣医師による治療が必要

後産（あとざん）：分娩後に排出される胎盤や卵膜、臍帯など。

ないこと、外陰部周辺を清潔に保つことが重要です。子牛の臍帯《さいたい》が狙われる場合は、臍帯部を胴巻きでカバーするなどの工夫が必要となります。子牛の隔離房の天井には、大まかでもテグス、板などを張っておくと、子牛への攻撃はある程度防げるでしょう。また、牛が自ら擦りむいた傷などを放置しないことです。カラスが傷口をつつき出血死、あるいは傷が原因で敗血症を起こして廃用になる場合もありますし、傷口をそのままにしておくと、さらにその傷口をカラスが狙ってきます。速やかに獣医師に相談し、早期に傷口の管理をすることが重要です。

臍帯（さいたい）：いわゆる「へそ」のこと。胎生期に母体とへその緒でつながっていた部分で、出生直後はまだ完全に閉じておらず、感染を起こしやすい。

牛舎などへの対策

カラスが畜舎に入るときは、いきなり入るのではなく、いったん窓の桟《さん》に止まって、なかの様子を伺ってから奥に入ることが多いです。このため、窓の桟かその付近にテグスを張り、出入り口にすだれ状に紐状のものを垂らして、カラスがなかの様子を偵察できないようにする方法が有効と考えられます。

畜舎への侵入を防ぐには、ネットを張って侵入口を断つのが効果的

また、畜舎のなかに入ったカラスには、好んで止まる場所があると思いますので、その場所にテグスを張るというのも効果的です。ほかにも畜舎の窓にネットを張ったり、出入り口に網のカーテンやすだれを設置するのも良いでしょう。

春先は巣の素材として柔らかい物を探しているため、牽引用のロープやほころびかけたシートなどを畜舎に置かないようにしましょう。一度、牛舎で美味しい思いをすると、巣の素材探しだけでなくエサを取りに来るようになります。その逆に、エサを取りに来て巣の素材があることに気付くこともあるでしょう。賢い鳥ですから、食事のついでに状況も把握しているのです。

カラスは人間の気配を警戒しますので、牛舎にラジオを流しておくという方法も効果があると考えられます。また、屋外に放置するロール巻きなどは、テグスを上に張るなどの管理が経費と労力からみて効果的です。第七章でも述べましたがカラス、特にハシブトガラスは畜舎が好きです。

テグスを用いた牛舎内外の対策。場所により条件は異なると思うが、カラスが止まりそうな場所にテグスを張ると飛来抑止につながる

農業現場

カラスによる農業被害のここ数年の平均は、年間約二十億円です。イノシシ、シカなど含めた鳥獣被害は二百億円ですから、カラスによる被害は割合も高いほうで、鳥のなかではトップクラスです。雑食性という特性をもちながらも肉や果物も好むハシブトガラスと、穀物や昆虫を好むハシボソガラスを合わせて「カラス」と見ますので、どちらの種のカラスにしても人間からは相当嫌われています。

畑作物では、播《ま》いたばかりの種を啄《ついば》み、せっかく実ったトウモロコシやスイカなどの作物を食べにやってきます。こうした被害はハシボソガラスによるものが多いのですが、食害以外にも植え付けたばかりの苗の倒伏《とうふく》被害もあります。

水を張ったばかりの水田もカラスのエサの宝庫です。この時期のカラスを解剖してみると、胃のなかは水棲昆虫やその幼虫や米でいっぱいです。米はおそらく水を張られながらも探し出した昨年の飛散米だと思います。それを探すときに早苗を倒伏させるのでしょう。

ロール巻き（ろーるまき）：牧草やサイレージなど家畜のエサを保存している。牧場地帯に行くと、白か黒の大きなロールがいくつも見られる。

私も乳熟期《にゅうじゅくき》の麦を胃にいっぱい詰め込んだハシボソガラスの解剖をしたことがあります。また、スイカに大きな穴を開けるほどの食いつきをみせるのはハシブトガラスの仕業の可能性が高いです。かなり前ですが、鳥取県のスイカ畑にハシブトガラスが舞い降り、スイカに大きな穴を開け貪る写真を見たことがあります。とにかくカラスは何でも食べるということを知っておくことが大事です。

さて、畑や田んぼの周辺は何もなく広いところが多いので、どこからでもカラスはやってきます。何もしない手もありますが、やはり少しでも被害は抑えたいものです。何とか向き合うしかありません。

カラスは、色覚に優れていますので、トウモロコシやスイカなど、作物が熟していくのを色の変化でみて、頃合いを狙うのです。カラスの食害を減らすためには、自分の作物は自分で守り通すという強い意識と、カラスの習性を逆手にとった防衛の工夫が必要です

乳熟期（にゅうじゅくき）：イネや麦が熟す過程の一つ。胚乳がまだ十分に熟さず、濃い乳状をしている。

テグスやネットを使った物理的な対策

テグスは安価で、基本的に糸を張るだけなので、どの場所でも比較的柔

軟に設置できます。飛ぶカラスは羽が命ですので、羽が障害物に触れることを嫌がります。このテグスの張り方について、農研機構中央農業研究センター鳥獣害グループが提唱する方法がありますので、それをもとに簡単に紹介します。

圃場《ほじょう》の二辺に一メートル間隔で、残る二辺に五メートル間隔で農業用支柱を立てます。それを支えにして、圃場の天井部のテグスを一メートル間隔で張ります。天井ばかり守ってもカラスは横から入ります。特に畑作物が好きなハシボソガラスは歩いてエサを探しますので、横の守りも重要です。側面は地上高二十五センチメートル、五十センチメートル、七十五センチメートル、一メートルの四段が提唱されています。トウモロコシなどの成長とともに丈が伸び、実の部分も

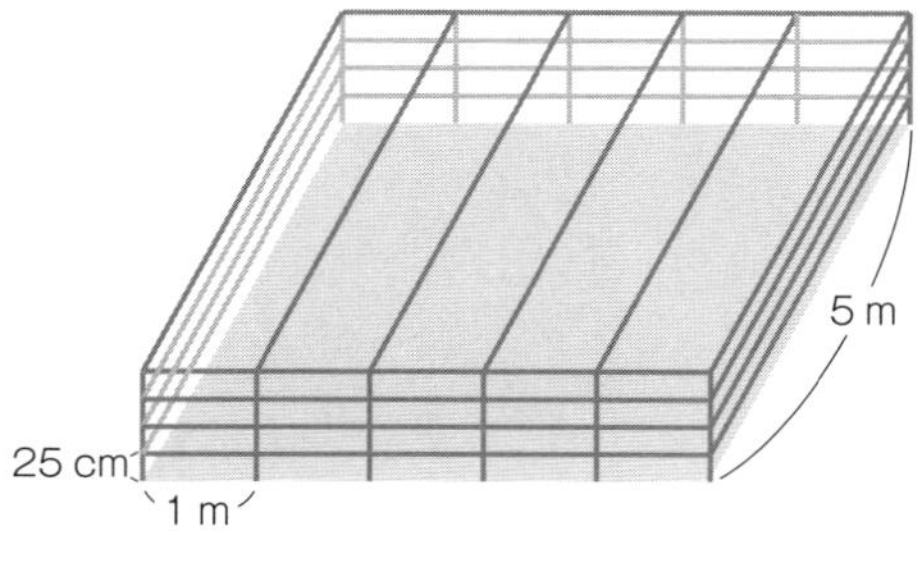

テグスを用いた圃場の対策。上と横からのカラスの侵入を防ぐ

圃場（ほじょう）：作物を栽培する田畑のこと。

上に移動する作物の場合は、収穫期の実を守るという考えで、成長が止まって実の高さが安定したら、その高さでテグスを実の側面に張るだけでも、カラスの警戒心を誘導できるでしょう。

ネットも物理的に果樹園など大規模な空間を覆う方式として有効です。私が住んでいる栃木県は梨の産地ですが、多くの農家は大規模な防鳥ネットで梨を鳥から守っています。ただ、まれに聞く話ですが、防鳥ネットは広い範囲をカバーするため、気付かぬうちに部分的なほころびができ、そこからカラスに侵入されることがあるようです。また、ネットの裾上げ中にカラスに侵入されたケースもみられます。このため、ネット周辺の見回りやネットの裾に重りを付けるなどの工夫も必要です。

小さい家庭菜園のような圃場なら、簡易のフレームを組んでそれをもとにネットを被せるのも良いで

小さい圃場ならば簡易フレームを組んで、それにネットを被せると良い

しょう。また、背丈の低い畝《うね》で育てる葉物なら、蒲鉾《かまぼこ》型のフレームをつくり、それにネットを被せる方式で対策が可能です。このような場所でネットを使う場合、物とネットの間に空間をつくることが大事です。幅の数値的なところは一律にはわかりませんが、十五〜二十センチメートルくらいが妥当な気がします。

置物系の対策

農村部では、案山子《かかし》や目玉風船などの置物系の対策もよく見られます。これらは畑にカラスを近づかせないために、昔から試みられている基本的な対策です。効くか効かないかはわからないものが、どうして広くかつ長い間使われているのでしょうか。私なりに解釈すれば、何もしないよりはカラスが来ないことを農家さんは経験で感じているのでしょう。また、何もしないではいられない、しかし経費はかけたくない、そんな心境と遊び心を満たしてくれるのが置物系です。ですから、全国どこでもアイデアとしては見られます。

カラスは周辺環境の変化を恐れる警戒心の強い動物ですので、こうした置物系の対策も一時的には効果は見られます。しかし、うまくいったとしても手入れを怠ったり放置しっぱなしだと、カラスにとってはただの風景になってしまい、効果はすぐなくなってしまいます。ではどうするべきでしょうか？　ひとまず案山子を例に挙げて効果を上げることを考えると、例えば案山子を二、三日ごと移動させるのが良いでしょう。歩く案山子です。また、二、三日したら洋服を変えてあげるのも良いでしょう。お洒落な案山子をみて、カラスもこれは侮《あなど》れないと考える可能性があります。このように置物系は名前の通り置いたままではいけません。置いたものを変化させることが重要なのです。

収穫残渣《ざんさ》の管理

農作物被害を防ぐためには、収穫残渣《ざんさ》の管理も必要不可欠です。農業現場では経費をかけて対策を講じるより、収穫残渣の管理をすることが基本になります。実は、この収穫残渣がカラスを誘引する大きな要素でもあります。

収穫残渣は人間には不要であっても、カラスにとってはご馳走です。一

収穫残渣（しゅうかくざんさ）：作物を収穫したあとに不要となる茎や葉など。

度味を占めれば、あの場所に行けばご馳走にありつけるという縮図ができてしまいます。規格外などで不要な作物を畑に放置することは、カラスを呼んでいるというか、来てほしくない場所（畑）でカラスに餌付けをしているようなものです。

・市街地

ゴミ問題

市街地でのカラス被害としてまず挙げられるのがゴミ問題です。ゴミ集積所の対策は前述の畑のようにはいきません。自治体ごとにゴミの回収方針が異なり、これはという妙案がないのです。ただ、忘れないでいただきたいのですが、そもそもゴミについて一番問題をつくっているのは我々人間です。

時間は守らない、集積所のネットの扱いをぞんざいにするなど、ゴミ出しマナーが悪いからカラス問題が起こるのです。そもそもなぜネットがあるのかを考えてみてください。ゴミ集積所によっては、ゴミの量が多すぎて、山積みになったゴミ袋の上にネットが洒落たキャップのようにちょこんと乗っている光景もみられます。ゴミがカバーできていません。こうした光景を見れば、人間のゴミ出し教育を浸透させるか、回収システム自体を考え直すような、長期的な取り組みが必要と考えられます。

　とはいえ、目の前のゴミ問題に、早期に取り組まなければなりません。まずは手はじめに、ゴミ集積所にネットのかけかたを図解で示す、また場所によってはできませんが、可能な場所は簡易のゴミ集積ボックスを設置するのが良いでしょう。私が住んでいる地域は、ネットと大きなビニールシートで集積所のゴミ袋をすべて覆っています。また、出す側もきちんとシートの下にゴミ袋を入れるようにします。お互いの顔が見える関係の住宅地は住民も気にすると思いますが、隣人の顔を見ることもないような集合住宅ではルールを守らない人も出てきますので、管理人さんがきちんとゴミの管理をする必要があるでしょう。最近のマンションは、ゴミもマンションごとに集める場所があり、かつ管理人さんがいますので、カラスも立ち入る隙がないようです。

左はゴミが多すぎてネットに収まりきれていない状態。これではネットの意味がない。真ん中と右のゴミ置き場は扉を閉めればカラスの入る隙がまったくない

カラスに襲われないためには

春先にカラスに襲われるという問題を考えましょう。これは市街地に限ったことではありませんが、巣を住宅地近くの木立や、公園や学校の木につくったとか、比較的人間との接触が多い市街地で起こります。

実はカラスのヒナはよく巣から落ちます。カラスのヒナは食欲旺盛なのでどんどん大きくなりますが、ヒナに与えられたスペースはヒナが収まる柔らかい動物の毛や繊維でできた内巣の三十センチくらいしかなく、決して十分な広さではありません。卵から孵《かえ》り二十日も過ぎると、ヒナたちが狭い巣のなかで押し合いへし合いして、そのうちに運の悪いヒナは巣から落ちてしまうことがあります。

落ちたカラスのヒナは、木の下の草むらや植木に隠れていて、親カラスはそれを見守っています。それに気付かずヒナの近くを通ると、親カラスが「子に近づくな！」あるいは「子が危ない！」とばかりギャーギャー鳴いて威嚇《いかく》するのです。声だけでは効果がないとわかれば、上から急降下で足蹴りをしてくる場合もあります。

カラスに襲われた場合は、まずは頭などを手で覆《おお》い、早めにその場から離れましょう。急いで逃げるのも良いですが、毅然《きぜん》とした態度で相手を睨みつけながら距離をつくっていくのも良いでしょう。このときに大切なことは、自分が襲われていることを怖がるより、自分の近くにカラスのヒナがいることを意識することです。そうすれば、怖いという感情に押し流されずに、ひとまずそこから離れれば良いのだという冷静な判断ができるでしょう。

集団発生の問題

最近、カラスが駅前や公園など、人が多く集まる場所に大きなねぐらをつくり、騒音や糞害で困っている自治体が多くあります。規模は地域によって異なりますが、数千羽から一万羽くらいです。この問題の解決はなかなか難しく、私も色々なところから相談を受けるのですが、これといった決め手がありません。ただ言えるのは、多くの場合、気が付いたら手のほどこしようがなくなっていたという印象です。つまり、群れが大きくなる前に対応する必要があるのではないでしょうか。

こうした問題は、実は気が付かないうちに進行しているものと思います。私も経験がありませんので根拠のある数字は出せませんが、イメージとして、今までそんなにカラスがいなかったのに、夕方どこからともなくカラスがやってきて同じ電線に止まっている。それも一、二羽ではなく十羽くらいいる。そんな状況が、ことのはじまりなのかもしれません。

このような初期段階で気が付くには、普段の観察を行うほかないでしょう。これは市民の方々の協力を得てカラスモニターを募るなどの方法もあるかと思います。定年退職後のある程度時間に余裕のある方々を自治体の環境自然課などでまとめて、天気図のようなカラス密度等圧線を示すと、見えてくるものがあるかもしれません。これまた市民だのみですが、朝夕の散歩がてらカラスの小集団を見たら、何やら日頃ない音、例えば竹を割ったようなものを軽く挽きずりガラガラ音をたててみるなども良いで

カラスのねぐら。駅前や公園などに大きなねぐらをつくり、糞害や騒音被害などで問題になっている地方都市は多い

しょう。複数の人間が自分が止まっている電線の下に来てはガラガラ音をたてたら、さすがのカラスも嫌になるでしょう。実は、富山県砺波《となみ》市のある自治体では、住民一丸となってこのような取り組みをして、ある程度の成果を出しているようです。

大都市はともかくとして、地方都市の一角でのカラス問題は、その周辺の方々が一丸となって持続的にかつ散歩の時間を使うなど普段の動きをカラス対策につなげるのが重要だと思います。また、自治体でカラスハザードマップなるものを作成しておくのも良いでしょう。これは、カラスの集団による騒音や糞害が気になる場所を地図上に記録しておくもので、市の広報誌などで紹介し、広く市民から情報を提供してもらいマップを作成する方法が考えられます。

次世代カラス対策戦略

最近はロボットが流行りです。掃除をするのもロボットですし、企業によっては玄関ロビーでロボットが優しい声で案内をしてくれます。用途に合わせて人工知能を組み込めば様々な仕事ができます。カラス対策にもそれが応用できるのではないでしょうか。なにせ、相手は非常に優れた脳の持ち主。それに打ち勝つには、優れた人工知能を備えた対カラスロボットをつくるのが良いと思います。

相手は三次元で行動をしていますので、それに立ち向かうには地上からだけでは難しいでしょう。そんなことを考えると、今話題のドローンと人工知能を融合させるのが良いと考えます。戦闘機のようにカラスを追いかけ撃ち落とすのではなく、空中から彼らと同じ目線になってメッセージを送るわけです。「近寄らないで」「侵入禁止」「ここは危険です」などをカラス語で飛ばします。その言葉も人工知能とロボットで様々なバリエーションに臨場感をもたせ、飛びながら発信させるのです。

あるいは鷹になりすましたロボットも効果的かもしれません。現に鷹を使ったカラス対策がいくつか試みられています。ただ、コストと鷹匠の数からいって、すべての地域で持続的に取り組むことは難しいようです。ロボットならそのような問題は解決できそうな気がします。そのように考えれば、カラスが止まる電線にも小さなモノレールロボットを吊るし、カラスが止まればロボットがそこまで滑走し追い払う、そんなことも可能に思えます。

これからのカラス対策は、ドローンと人工知能などを用いた次世代型戦略を考えていく必要があるでしょう。

カラスと人間は共生できるのか

本書ではこれまで、カラスの生物学的特徴、脳や飛翔など生理的な能力、問題行動や対策など、いくつかの視点でお話を進めてきました。読者のみなさんはすでに感じていると思いますが、カラスについて知れば知るほど、その対策には多くの工夫が必要です。しかしながら、これだけ読み進めてきたのに、結局は根本的にカラスを退治できない、どうしようもないじゃないカァ〜という点で、腑に落ちないというか、納得できていない方もいらっしゃると思います。ですので、ここからは私なりにカラスとどう向き合っていけば良いのかという視点で、考えをまとめてみたいと思います。

思い思いのカラス対策をしよう

まず、各自各分野でカラスに悩まされている人は、みな思い思いにカラスに立ち向かってください。創意工夫の可愛い飾りのようなカラス対策グッズの開発をする、あるいは石を投げつけるという単純な行為、先端の工業技術を駆使したレーザー照射、磁気など、どんどん取り組んで良いのです。対策が完結することはないでしょうが、そのような取り組みに精を出すこと自体、将来的にはその積み重ねで大きなカラス対策機器の完成につながるものと思います。

そして、カラスで頭を悩ませている方にとっては、日々の取り組みが充実感につながります。私の知人で発明好きの方がいますが、その人はカラスの嫌がる音をつくる素材探しにとても意欲的です。探究心が強いからか心身ともに若いのです。それはカラスのおかげと思っています。

カラスを地域の一員と認めよう

また、カラスも立派な自然界の一員です。カラス問題は私たち人間の生活スタイルの結果から生じたということを実感し、ある程度カラスを寛容に見る必要があるでしょう。そんな意味では「カラスとヒトはすでに共生している」という認識でも良いような気がします。

ゴミの散乱、人間への攻撃など、カラスの問題は確かにあります。深刻な被害を受けている方にはまったく不遜《ふそん》な言い方かもしれませんが、あれやこれやとカラス問題で議論が交わされていること自体が、人間社会にプラスになっているのではないでしょうか。カラスが目につくようなゴミの出し方、収集方法を採用していながら、そのゴミ（エサ）を食べてはいけないなどと非難するのは、人間のエゴです。カラスとの共生などと大上段からテーマを投げかけてみましたが、それは私たちの考え方一つで簡単に実践できます。

カラスが住んでいたところに後から人間がやって来たという意識を常にもてば良いのです。新しい環境に移り住んだときには、隣近所の迷惑を考えて慎み深い生活をするでしょう。それと同じことをカラスに対してもすれば良いのです。

農村部では、カラスやスズメに頭を痛めていますが、都市部の対策や騒ぎに比べると少し穏やかです。ある程度の被害は「それが自然である」と共生観がにじみ出ています。ある果樹園の主人は、カラス用にリンゴの木を一本用意していると豪語しています。

彼曰く「カラスが寄ってくるようなリンゴじゃないと良い出来とは言えない」とのこと。日本の情緒をとてもよく表現した童謡『七つの子』などにもカラスが登場しますが、日本にはカラスがいて当然というか、いるのが自然に思えます。

カラスとの共生

カラス問題で現在深刻なのは、過度に特定の場所に集まることと、その結果として襲撃やゴミ散乱など、人間の生活に支障をもたらしているということです。これらの問題点を解決することが、カラスと人間が共生できる可能性を示すことになります。

カラスとの共生には、私たち人間に「共生するための努力をしよう」という謙虚な意識がなければ成り立ちません。そもそも生物学的に共生とは「二種類の生物が密接な関係をもち、その双方が利益を受けるか、一方が利益を受け、他方が害を受けない」と定義されています。少なくともカラスは人間からエサなどの恩恵を受けているので、人間がカラスから害を受けなければ、共生は成り立つのです。カラス被害の原因のおおもとをたどっていくと、私たち人間がその要因をつくっていることがわかります。カラスを増やしたのは人間です。人間が不用意に捨てた生ゴミがその大きな原因なのです。ですから、まず生ゴミ対策をしっかり行うことが重要です。

人間中心の考え方をせず、私たちも自然界の一生物にほかならないという意識を多少なりとももつことができれば、ゴミの出し方も変わってくるでしょう。自然界では、生活圏が重なるほかの動物との争いは当たり前です。カラスから受ける多少の迷惑はいたしかたないという覚悟があれば、カラスと人間は、少なくとも片方が一方の共生者に利益を提供しないまでも害を与えず利益はいただくという、片利共生はできるでしょう。ただ、この場合はカラスには多くを期待できませんから、少なくともカラスは人間に迷惑をかけないが、人間からはおこぼれをいただくという図式になります。

いずれにしろまだまだカラスと向き合う日々が続くことは間違いありません。また、カラスが警告しているように、ゴミ問題を解決しなければなりません。私が住む宇都宮ではカラス問題がそこまで深刻ではないため、行政も本格的な取り組みはしていません。ゴミ収集所に集まるゴミはスーパーの買い物袋そのもので、やはり朝方はカラスがその袋に群がっています。このような状況を放置して、カラスが指数関数的に増え出したと気付いたときにはすでに手遅れです。

東京都は一時カラスが三万八千羽にまで増え、カラス問題が表面化しましたが、それを今の状態の数、約一万数千羽に戻すのに十数年を要しています。このことにより、年間三千件以上のカラスに関する苦情があったものが、二〇一六年ごろは約二百件にまで減っています。東京都は、ゴミの夜間収集や二十三区広域のゴミ回収や管理の連携を組み、カラス対策を行いました。東京の例をもう少し各地方都市の行政に知ってもらい、カラスの問題が起きないようなゴミ対策に早めに取り組んでほしいと思います。そうすれば、カラス対策に多くの税金を投資することもありませんし、不必要にカラスを敵視することもありません。

カラスをあくまでも自然のなかの情景としてみる環境づくりが必要なのです。

おわりに

私は二〇〇二年から二〇〇四年にかけて、カラスの本を数冊出版しましたが、それらの本は今では店頭に並ぶこともなく、入手すら困難になってきました。また、当時は私もカラスの研究をはじめて五年くらいでしたから、データの蓄積はもちろんのこと、カラスと接する経験が少なく、そのようななかでの執筆でしたから、盛り込む内容にも限界があったように思います。そのころから十五年近くが経ちまして、再びカラスの書をまとめる機会に恵まれました。

ただ、十五年の月日が経ったとはいえ、書くことが十五倍に増えているわけではありません。十五年のうち半分くらいは、大学教員として学部運営など教育・研究以外に多くの時間を使わざるを得ない時期もありました。ですから、本書の企画のお話をいただいたとき、一瞬、内容に新規性などを上手に盛り込めるのかと躊躇しました。しかし、出版社の方から、「体のつくりなどの基本的なことから実験や対策などに展開するストーリーをお願いしたい」との企画内容をお聞きして、解剖学や生理学的視点を基本としてまとめるのであれば、私の専門領域でもあるため、それならできると思い、執筆をはじめました。

結果的には八章に及ぶ内容になってしまい、やはりカラスには書くことがたくさんあると再認識した次第です。いずれにしろ、以前にカラスの書をまとめたころに比べて多くの知見が増えました。また、体のつくりについては科学としての新知見はありませんでしたが、ハシブトガラスという生物を切り出し、その特徴を一般に伝えることは、私なりに大事なこととらえていますので、楽しく記述できました。また、読者のみなさんには、カラスという特殊な鳥の解剖学から、鳥のからだについて理解を深めていただければと考えています。もっとも、脳やクチバシの話はカラス特有の発達がありますので、その点はカラスのおもしろさとして見る方が楽しく感じてもらえるのかもしれません。さらには、世界におけるカラスを使った認知科学、知能行動の研究などが進み、豆知識として新情報を紹介できたのも幸いでした。本書で取り上げたカラスの実験の多くはハシブトガラスを使ったものですが、カラスは世界に約四十六種類存在します。本書で紹介したハシブトガラスの特徴がすべてのカラスの種に当てはまるとは考えていません。しかし、本書で紹介したいくつかの特徴は、ほかのカラス種に共通する面も多いと考えています。

カラスは脳がよく発達しているため、私たち人間のそばに棲めば「衣・食・住」とは言わないまでも「食・住」だけには事欠かないことを、長い年月の間に学んだようです。カラスが人間に近づいてきたのか人間の営みがカラスを身近にさせたのかは何とも言えないところですが、現実としては両者の接点が増え、摩擦が生じていることは確かです。私たちはカラスと向き合っていかなければなりません。邪魔な悪戯者として最後まで抗戦的に向き合うのか、よく発達した能力の高い鳥としてその行動や興味ある習性に微笑ましさを感じながら見ていくのかは、私たち人間の度量次第です。本書は、カラスという生物の能力やおもしろい行動を紹介することにより、カラスを知り、カラスについて考え、そして身近な自然に思いを馳せる、そのようなときの「よりどころ」になればという思いで書きました。ですので、この本を読まれてカラスに興味をもって好意的になるのか、本の情報をカラス対策に上手に使うのか、それはどちらでも結構です。いずれにしろ、カラスを考えるときのヒントにしていただければ本望です。さらには、カラスという長い間私たち人間の傍にいる、あの黒い鳥に興味をもつことにより、自然のなかの生き物との共存について考え直したり、その仕草を観察することで心の遊びを得る手助けになればと願っております。

最後になりますが、緑書房第一編集部の柴山淑子さんと池田俊之さんには、出版の機会を与えていただいたばかりでなく、企画・構成から校閲まで終始お世話になりました。厚くお礼を申しあげます。また、本書にとりあげた内容の多くは、私の研究室の学生諸君が真摯に研究に向き合った成果が多く含まれています。大学での研究とは、私たち教員と学生が一緒に取り組んではじめて成果が見えるようになります。あらためて、研究室の卒業生・学生諸氏に感謝いたします。

二〇一八年春

杉田昭栄

参考文献

第一章　カラスと人間のこれまで

・朝日芳英監修『那智叢書復刻版』熊野那智大社、二〇〇八年
・植島啓司ほか著『熊野　神と仏』原書房、二〇一一年
・陰山慶一著『海軍飛行科予備学生学徒出陣よもやま物語―学徒海鷲戦陣物語』光人社、二〇〇一年
・大林太良ほか編『世界神話事典』角川書店、一九九四年
・唐沢孝一ほか著、からすフォーラム編集員会編『烏の本：神の使いか悪魔の手先か』烏山商工会むらおこし事業実行委員会、一九九四年
・川村たかし編、篠崎三朗画『銀河鉄道からす座特急』ポプラ社、一九九五年
・坂本太郎著「日本書紀　上（日本古典文学大系67）」岩波書店、一九六七年
・関根正雄訳『旧約聖書　創世記』岩波書店、一九五六年
・中村彰太郎著『日と月と星と　天の巻―金鳥は神さまのお使い―』A&K企画者、二〇〇四年
・野口不二子著『郷愁と童心の詩人　野口雨情伝』講談社、二〇一七年
・萩原法子「天地に吉祥を願う3本足のカラス神事―ヤタガラスとよみがえりの信仰（『野鳥』七百六十一号）日本野鳥の会、二〇一二年
・樋口広芳・森下英美子著『カラス、どこが悪い！?』小学館、二〇〇〇年
・舟崎克彦著、黒井健画『からすのカラッポ』ひさかたチャイルド、一九九一年
・枡田隆宏「英米文学鳥類考：カラスについて」（『高知大学学術研究報告』四十五巻）高知大学、一九九六年
・松谷みよ子著『ぼうさまになったからす』偕成社、一九八三年
・源順編『倭名類聚抄（天文部）』九三一～九三八年
・宮沢賢治著、谷川徹三編『童話集　風の又三郎　他十八篇』岩波書店、一九六七年
・柳田國男著、谷川徹三編『遠野物語』大和書房、一九七四年
・劉安編、戸川芳郎ほか訳）『淮南子：説苑（抄）　中国古典文学大系（6）』平凡社、一九七四年

・魯迅著、竹内好訳『故事新編』岩波書店、一九七九年
・魯迅著、竹内好訳『魯迅文集〈第二巻〉』筑摩書房、一九七六年

第二章　カラスを語るための一般常識

・青山真人ほか「関東地方におけるハシブトガラス*Corvus macrorhynchos*の生殖腺の季節変動」（『日本鳥学会誌』五十六巻二号）二〇〇七年
・後藤三千代著『カラスと人の巣づくり協定』築地書館、二〇一七年
・コンラート・ローレンツ著、日高敏隆訳『ソロモンの指環―動物行動学入門』早川書房、一九九八年
・柴田佳秀著『わたしのカラス研究』さえら書房、二〇〇六年
・バーンド・ハインリッチ著、渡辺政隆訳『ワタリガラスの謎』どうぶつ社、一九九五年
・フランス・ドゥ・ヴァール著、松澤哲夫監訳、柴田裕之訳『動物の賢さがわかるほど人間は賢いのか』紀伊国屋書店、二〇一七年
・玉田克巳「北海道東部地域におけるワタリガラスの越冬状況」（『日本鳥学会誌』五十七巻一号）二〇〇八年
・本川達雄著『ゾウの時間　ネズミの時間―サイズの生物学』中央公論社、一九九二年
・松原始著『カラスの教科書』雷鳥社、二〇一三年
・宮崎学著『カラスのお宅拝見！』新樹社、二〇〇九年
・吉原正人「都心に高密度で生育するハシブトガラス個体群の生態および身体的特徴に関する研究」（東京農工大学連合農学研究科博士論文）二〇一七年
・Candace Savage『Bird Brains: Intelligence of Crows, Ravens, Magpies and Jays』Greystone Books, 1997
・Islam MN et al. Histological and morphological analyses of seasonal testicular variations in the Jungle Crow (*Corves macrorhynchos*). Anat Sci Inter. 85: 121-129. 2010.
・環境省『自治体担当者のためのカラス対策マニュアル』二〇〇一年 http://www.env.go.jp/nature/choju/docs/docs5-1b/

第三章　カラスのからだ

・内田亨著『動物系統分類学　第10巻　上』中山書店、一九六二年
・加藤嘉太郎著『家畜比較解剖図説　上巻』養賢堂、一九七九年
・鎌田直樹ら「ハシブトガラスとハシボソガラスにおける最大突刺力と最大引張力」（『日本鳥学会誌』六十巻二号）二〇一一年
・鎌田直樹ら「ハシブトガラスとハシボソガラスにおける顎筋質量と最大咬合力」（『日本鳥学会誌』六十一巻一号）二〇一二年
・神谷敏郎著『骨の動物誌』東京大学出版会、一九九五年
・ブライト・マイケル著、丸武志訳『鳥の生活』平凡社、一九九七年
・Lee et al., Microstructure of the feather in Japanese Jungle Crows (*Corvus macrorhynchos*) with distinguishing gender difference. Anat Sci Int. 84: 141-147. 2009.
・Lee et al., Feather microstructure of the Black-billed magpie (pica pica seicea) and Jungle crow (*Corves macrorhynchos*). J Vet Med. 72: 1047-1050. 2010.

第四章　カラスの知恵

・コリン・タッジ著、黒沢令子訳『鳥　優美と神秘、鳥類の多様な形態と習性』シーエムシー、二〇一二年
・パメラ・S・ターナー著、杉田昭栄監訳、須部宗生訳『道具を使うカラスの物語　生物界随一の頭脳をもつ鳥　カレドニアガラス』緑書房、二〇一八年
・藤田和生著『比較認知科学（放送大学教材）』放送大学教育振興会、二〇一七年
・渡辺茂著『鳥脳力―小さな頭に秘められた驚異の能力―』化学同人、二〇一〇年
・Bogale BA et al. Quantity discrimination in jungle crows, *Corves macrorhynchos*. Anim Behav. 82: 635-641. 2011.
・Bogale BA et al., Long-term memory of color stimuli in the jungle crow (*Corvus macrorhynchos*). Anim Cogn. 15: 285-291. 2012.
・Heather N et al., Social learning spreads knowledge about dangerous humans among American

crows. Proc Biol Sci. 279: 499-508. 2012.
・Marzluff JM et al. Lasting recognition of threatening people by wild American cows. Anim Behav. 79: 699-707. 2010.
・Masson JM et al. Ravens notice dominance reversals among conspecifics within and outside their social group. Nature Communications, 5: 1-11. 2014.
・Osvath M and Kabadayi, Ravens parallel great apes in flexible planning for tool-use and bartering. Science, 357: 202-204. 2017.
・Reiner A et al. Revised nomenclature for avian telencephalon andsome related brainstem nuclei. J Comp Neurol, 473: 377-414. 2004
・Rutz C et al., Discovery of species-wide tool use in Hawaiian crow. Nature, 537: 403-407. 2016.

第五章　カラスの五感

・塚原直樹ほか「ハシブトガラスにおける各種光波長に対する学習成立速度の検討」（Animal Behavior and Management. 48）二〇一二年
・ティム・バークヘッド著、沼尻由起子訳『鳥たちの驚異的な感覚世界』河出書房新社、二〇一三年
・刈　利ら「ハシブトガラスCorvus macrorhynchosの舌表面に見られる微細構造」（『日本鳥学会誌』第六十一巻一号）二〇一二年
・フランク・B・ギル著、山階鳥類研究所訳（山岸哲監修）『鳥類学』新樹社、二〇〇九年
・山本隆著『脳と味覚—おいしく味わう脳のしくみ』（ブレインサイエンス・シリーズ18）共立出版、一九九六年
・Matsui H et al., Adaptive bill morphology for enhanced tool manipulation in new Caledonian crows. Scientific Report|6:22776|DOI:10.1038|srep22776:1-11.
・Rahaman ML et al., Number, distribution and size of retinal ganglion cells in the jungle crow (*Corvus macrorhynchos*). Anat Sci Int. 81: 253-259. 2006.
・Rahaman ML et al., Topography of retinal photoreceptor cell in the Jungle crow (*Corvus mac-*

rorhynchos) with emphasis on the distribution of oil droplets. Ornithological Science. 6: 21-27. 2007.

第六章　カラスの鳴き声

・塚原直樹ら「ハシブトガラス*Corvus macrorhynchos*における鳴き声および発声器官の性差」（『日本鳥学会誌』第五十五巻一号）二〇〇六年
・塚原直樹ら「ハシボソガラス（*Corvus corone*）とハシブトガラス（*Corvus macrorhynchos*）における鳴き声の違いと鳴管の形態的差異の関連」（『日本解剖学会誌』第八十二巻）二〇〇七年
・塚原直樹ら「ハシボソガラス*Corvus corone*とハシブトガラス*C. macrorhynchos*の鳴き声と発声器官の相異」（『日本鳥学会誌』第五十六巻二号）二〇〇七年
・塚原直樹「ハシブトガラスの発声に関する研究：鳴き声の音響学的解析、発生器官とその神経支配の機能形態学的解析」（博士論文）二〇〇八年
・バーンド・ハインリッチ著、渡辺政隆訳『ワタリガラスの謎』どうぶつ社、一九九五年
・Tsukahara N et al., The structure of syringeal muscles in jungle crow (*Corvus macrorhynchos*). Int Anat Sci. 83: 152-158. 2008.
・Ethologic languages in the world
https://www.ethnologue.com/

第七章　カラスの飛翔能力

・唐沢孝一著『カラスはどれほど賢いか―都市鳥の適応戦略』中央公論社、一九八八年
・国立科学博物館附属自然教育園『都市に生息するカラス類と人間との共存の方策の研究：調査報告（平成十四年度報告）』二〇〇三年
・国立科学博物館附属自然教育園『都市に生息するカラス類と人間との共存の方策の研究：調査報告（平成十二年度～十五年度報告）』二〇〇四年
・コリン・タッジ著、黒沢令子訳『鳥　優美と神秘、鳥類の多様な形態と習性』シーエムシー、二〇一二年

・ソーア・ハンソン著、黒沢令子訳『羽―進化が生みだした自然の奇跡―』白揚社、二〇一三年
・竹田努ら「ハシブトガラス*Corvus macrorhynchos*の移動距離と家畜農場への飛来の季節的変動」（『日本畜産学会報』八十六巻二号）二〇一五年
・塚原直樹『本当に美味しいカラス料理の本』ＧＨ、二〇一七年
・野上宏著『小鳥　飛翔の科学』築地書館、二〇一七年
・ヘンク・テネケス著、高橋健次訳『鳥と飛行機どこがちがうか―飛行の科学入門』草思社、二〇〇〇年

第八章　カラスと人間のこれから

・杉田昭栄著『カラスとかしこく付き合う法』草思社、二〇〇二年
・杉田昭栄著『カラス　なぜ遊ぶ』集英社、二〇〇四年
・杉田昭栄著『カラス　おもしろ生態とかしこい防ぎ方』農山漁村文化協会、二〇〇四年
・樋口広芳、黒沢令子編著『カラスの自然史―系統から遊び行動まで―』北海道大学出版会、二〇一〇年
・松田道生著『カラス、なぜ襲う―都市に棲む野生』河出書房新社、二〇〇〇年
・農業・食品産業技術総合研究機構中央農業研究センター鳥獣管理グループＨＰ
http://www.naro.affrc.go.jp/org/narc/chougai/
・環境省「鳥獣の保護及び管理並びに狩猟の適正化に関する法律」二〇〇二年
http://law.e-gov.go.jp/htmldata/H14/H14HO088.html
・環境省「鳥獣の保護及び管理並びに狩猟の適正化に関する法律施行規則」二〇〇二年
http://elaws.e-gov.go.jp/search/elawsSearch/elaws_search/lsg0500/detail?lawId=414M60001000028_20161001&openerCode
・環境省「動物の愛護及び管理に関する法律」一九七三年
http://elaws.e-gov.go.jp/search/elawsSearch/elaws_search/lsg0500/detail?lawId=348AC1000000105&openerCode=1

著者

杉田昭栄（すぎた しょうえい）

1952年岩手県生まれ。宇都宮大学農学部畜産学科卒業。千葉大学大学院医学研究科博士課程修了。宇都宮大学名誉教授、医学博士、農学博士。専門は動物形態学、神経解剖学。

ふとしたきっかけで始めたカラスの脳研究からカラスにのめりこみ、現在は「カラス博士」と呼ばれている。

主な著書に『カラスとかしこく付き合う法』（草思社）、『カラス おもしろ生態とかしこい防ぎ方 』（農山漁村文化協会）、『カラス なぜ遊ぶ 』（集英社）、『道具を使うカラスの物語　生物界随一の頭脳をもつ鳥 カレドニアガラス』（監訳、緑書房）など。

カラス学のすすめ

Midori Shobo Co.,Ltd

2018年6月10日　第1刷発行
2018年11月10日　第2刷発行

著　者……杉田昭栄
発行者……森田　猛
発行所……株式会社 緑書房
〒103-0004
東京都中央区東日本橋3丁目4番14号
TEL　03-6833-0560
http://www.pet-honpo.com

編集……柴山淑子、池田俊之
カバーデザイン……メルシング
印刷所……アイワード

ISBN 978-4-89531-332-2　Printed in Japan

緑書房 発行

道具を使うカラスの物語

生物界随一の頭脳をもつ鳥 カレドニアガラス

著　パメラ・S.ターナー
撮影　アンディ・コミンズ
挿絵　グイード・デ・フィリッポ
監訳　杉田昭栄
翻訳　須部宗生

A4判変型　上製　84頁　オールカラー
ISBN978-4-89531-324-7
定価：本体2,200円（税別）

単に道具を使うのではなく、独自の道具を作り上げ、改良する知能をもつカレドニアガラス。その驚くべき能力に科学の視点から楽しく迫る。

美しい写真と平易な表現により、子どもにもわかりやすい。

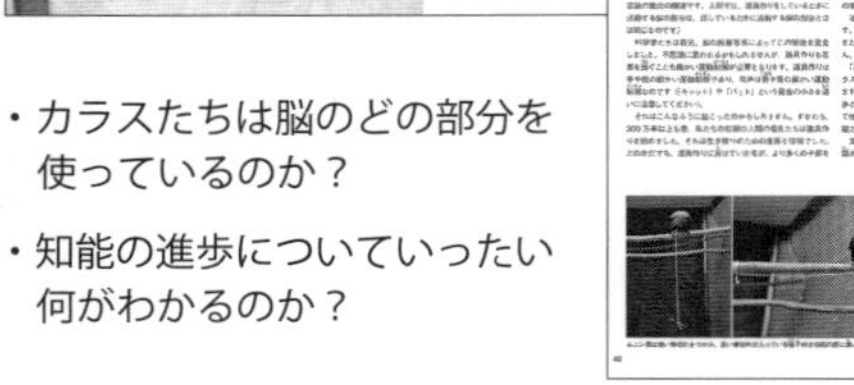

- どのようにして道具の使い方と作り方を学ぶのか？
- 道具を扱う技術を進歩させ、未来の世代に伝えることができるのか？

- カラスたちは脳のどの部分を使っているのか？
- 知能の進歩についていったい何がわかるのか？